저만 믿고 따라오세요

무조건 맛있어! 옥주부 반찬

저만 믿고 따라오세요

무조건 맛있어! 옥주부 반찬

정종철 지음

몽스북
mons

Prologue

첫 번째 요리책을 '내 사람들'에게 선보인 후 2년이란 시간이 흘렀어요. 그동안 첫째는 고등학생이 되었고, 초등학교에 다니던 딸들은 중학생이 됐죠. 매일 밥상에 둘러앉아 아이들과 이런저런 이야기를 나누던 일상이 아이들 학교와 학원 스케줄에 밀리며 조금씩 변하기 시작했어요. 새벽부터 일어나 아침을 먹고 등교하는 첫째, 학원 다녀와서 배고프다고 노래하는 둘째, 학원 가기 전에 후다닥 밥을 먹어야 하는 셋째를 위한 다채로운 밥상 차림이 시작되면서 저의 하루는 더욱 바빠졌답니다.

몇 년 전 인스타그램을 통해 팔로워들과 소통하며 일상식 레시피를 공유하기 시작했을 때 저와 같은 고민을 하고, 저와 같이 웃어주는 '내 사람들'을 만났어요. '좋아요'와 댓글로 공감해 주는 소중한 '내 사람들'에게 좀 더 정확한 레시피를 알려주기 위해 했던 요리를 반복해서 만들며 레시피를 업그레이드하고, 유행하는 음식이 있으면 따라서 만들어보기도 했어요. 그러면서 확신하게 된 사실이 있어요. 특별한 요리보다 이야기가 담긴 음식에 '좋아요'와 댓글이 더 많다는 것을요. 저 옥주부의 두 번째 책에 소개하는 레시피들은 이렇게 여러분과 저의 이야기가 담긴 음식들을 만드는 방법이에요.

입맛 없는 봄날에 가족들을 위해 어떤 요리를 만들까, 학원 가느라 바쁜 우리 아이를 위해 후다닥 만들어줄 수 있는 음식은 뭘까, 엄마가 어릴 때 자주 만들어주시던 추억 속의 반찬들처럼 나중에 우리 아이가 아빠 손맛을 기억할 수 있도록 만들어줄 만한 게 어디 없을까, 너무 더워서 불 앞에서기 싫을 때 뚝딱 만들어낼 수 있는 메뉴, 밀키트를 내 스타일로 바꾸는 방법, 막 시작한 자취 생활에 필요한 생존 요리, 식구들이 모두 한자리에서 식사하게 되는 귀한 주말을 위한 별미, 시험 보러 가는 날에 든든하게 먹여서 보낼 식단. 그렇게 기본부터 재미난 메뉴까지 '내 사람들'과 함께 고민하며 만들게 된 레시피들을 차곡차곡 모아 또 한 권의 책으로 엮었어요. 예전에 만들었던 음식을 여러 번 만들면서 좀 더 간편하게, 맛있게 먹을 수 있는 방법을 찾았고, 시판 제품을 사 먹으며 더 맛있는 브랜드를 발견하기도 했어요.

제 요리의 기본이자 핵심은 '맛'이에요. 맛있어야 먹는 사람이 그릇을 싹싹 비우게 되고, 그 모습을 보면 기뻐서 그 힘으로 다시 요리를 하게 되거든요. 또 만들기 쉬워야 지치지 않아요. 큰맘 먹고 산 요리책을 보고 야심 차게 따라 했는데 맛이 없고, 식구들 반응까지 차가우면 기운 빠지잖아요. '옥주부'만 믿고 따라오시면 돼요. 저는 셰프도 아니고, 요리 전공자도 아닌데 여러분이 "옥주부 레시피대로 따라 해보니 너무 맛있다"는 응원을 보내주시고, "이렇게 하면 더 맛있어요, 이렇게 하면 더 쉬워요" 하며 아이디어도 주신 덕에 '옥주부'가 될 수 있었잖아요.

이 책 한 권이면 '내 사람들'도 요리하며 좌절감을 느끼지 않고 '요리 천재'로 거듭날 수 있을 거예요.

2023년 봄날, '옥주부' 정종철이 '내 사람들'에게

차례

PART 1 반찬

PART 2 국·탕·찌개

PART 3 일품요리

PART 4 별미 밥

PART 5 면 요리

PART 6 간식&야식

옥주부 레시피가 맛있는 이유

하나, 셰프가 아니라 주부의 마음으로 만든 레시피

저는 셰프도 아니고 요리 전공자도 아니에요. 특별한 날을 위한 요리보다 일상에서 매일 먹는 음식을 주로 만들기 때문에 일반적인 마트 재료들로 여러 번 만들어보고 제일 맛있는 비율을 찾았어요. 누가 만들어도 저와 비슷한 맛을 낼 수 있는 비결이죠. 간혹 익숙하지 않은 재료들을 추천하기도 하지만 대부분 쿠팡, 마켓컬리, 이마트, 홈플러스 등에서 주부의 마음으로 사서 먹어보고 내린 결론이니 저만 따라오세요. 더 맛있는 걸 찾으면 계속 업데이트해 드릴게요.

둘, 잘하는 음식도 레시피대로 만들어요!

레시피대로 요리해야 맛이 일관적이고, 먹을 만큼만 만드니 버리는 음식 없이 맛있게 먹을 수 있어요. 저도 원래는 한 번에 많이 만들어 냉장고에 가득 넣어 놓는 게 행복이었는데, 아이들이 커서 다 같이 식사할 시간이 줄어들고, 요리 솜씨가 늘면서 좀 더 맛있게 여러 종류를 만들어 버리는 거 없이 다 먹는 걸 선호하게 됐어요. 밀폐 용기에 라벨기로 요리 이름 표시하는 재미가 쏠쏠해서 게으름 피울 시간이 없어요.

셋, 조미료를 사용하되 두 가지 이상을 믹스한다

저의 요리 모토는 '맛있게 만들어야 맛있게 먹는다!'이기 때문에 조미료를 사용해요. 대신 조미료가 기능은 하되 도드라진 맛을 내지 않도록 두 가지 이상을 믹스해서 쓰는 편이에요. 양념도 마찬가지고요. 멸치 액젓과 새우젓을 같이 쓰거나 멸치 다시다와 조개 다시다를 섞어 쓰는 식이죠.

넷, 편하게 만들어야 몸도 맘도 편하다

엄마, 아빠가 피곤하면 아무래도 짜증이 나거나 기운이 없어지고, 그게 가족한테 고스란히 가잖아요. 집안일하기도 바쁜데 요리까지 번거로워지면 더 힘들어진다고 생각해요. 그래서 저는 최대한 편하게 요리하기 위해 준비된 식재료를 구입해요. 조리하기에 편하기도 하지만, 또 한 가지 좋은 점은 가족들이 음식을 요청할 때 오랜 시간 안 걸리고 바로 만들어줄 수 있다는 것이죠. 배고플 때, 먹고 싶을 때 바로 먹는 음식만큼 맛있는 건 없으니까요.

이 책의 계량 단위

1숟가락 = 밥숟가락 1큰술

1컵 = 종이컵 1컵, 약 180ml

'무조건 맛있는 옥주부 레시피'를 위한 기본 재료

인스타그램에 레시피를 올렸을 때 '내 사람들'이 가장 궁금해하는 것은 제가 어떤 양념을 쓰는가예요. '내돈내산' 한 양념들을 소개하는 이유는 이 책을 읽는 분들이 제가 쓰는 식재료를 사용해 제 레시피대로 따라서 만들면 좀 더 제 음식과 비슷한 맛을 낼 수 있을 거라는 생각에서랍니다.

맛의 기본 잡기

한식은 장맛이 기본. 맛 좋은 장만 갖춰도 어지간한 음식은 맛있게 만들 수 있잖아요. 특히 찌개 끓이고, 조리고, 무칠 때 어떤 고추장, 된장을 쓰느냐가 중요해요.

옥주부 빨간장 | 샘표 토장 | 샘표 조선고추장 | 청정원 순창 초고추장

음식 간 맞출 때

'맛있다'를 좌우하는 게 음식의 간. 특히 국물 요리의 간을 잘 맞추려면 간장류를 신중히 선택해야 해요. 저는 모자란 간은 소금이나 맛소금으로 해도, 기본이 되는 간은 간장과 액젓으로 한답니다. 진간장은 보통 간장, 국간장은 재래식 조선간장, 양조간장은 각종 재료들이 더 들어 있는 일종의 맛간장이라고 생각하면 돼요. 쓰유는 간장에 설탕, 맛술, 가쓰오부시 등을 첨가한 일본식 간장이고요.

옥주부 맛간장 | 샘표 한식국간장 | 샘표 양조간장 501 | 두도식품 멸치액젓
두도식품 까나리액젓 | 한라식품 주부천하 쯔유 | 샘표 요리에센스 연두 순

감칠맛 더하기

음식이 맛있어지는 1%의 감칠맛은 기본양념만으로 채우긴 쉽지 않아요. 감칠맛을 내는 조미료는 한 가지를 사용하기보다 조개 다시다와 쇠고기 다시다처럼 두 가지 이상을 섞어서 쓰면 맛이 더 풍부해져요. 닭 요리엔 치킨스톡을, 해물 요리엔 조개 다시다, 고기 요리엔 쇠고기 다시다 등 재료의 맛과 잘 어울리는 조미료를 선택하세요.

청정원 쉐프의 치킨스톡 | 한라식품 참치액 | CJ제일제당 고향의맛 다시다 조개
CJ제일제당 고향의맛 다시다 쇠고기 | 대상 청정원 미원 | 대상 청정원 미원 맛소금

냄새 잡을 때

생선은 물론이고 육류에서도 잡내나 비린내가 나잖아요. 이 재료들만 갖추면 어지간한 냄새는 잡을 수 있어요. 생강 원액과 생강청은 다른 종류예요.

페퍼톤즈 그라인더 후추 | 롯데 맛술 미림 | 청농 생강원액 | 부강 월계수잎

한 끗 다른 맛을 위해

평범한 요리에 특별함을 더해줄 소스들이에요. 치킨이나 피자를 시켜 먹고 남은 각종 소스를 요리에 활용해 보세요. 의외의 맛을 찾을 수 있을 거예요.

이금기 프리미엄 굴소스 | 오뚜기 타바스코 페퍼소스 | 서울우유 연유 | 백설 프락토 올리고당 | 오뚜기 옛날 물엿 | 후이펑 스리라차 핫칠리 소스 | 티아시아 월남쌈 소스

부치고 튀길 때

튀김 요리나 부침 요리를 할 때 튀김가루와 부침가루를 섞어 반죽을 만들면 더 바삭한 맛을 즐길 수 있어요. 반죽할 때 얼음을 넣고, 전분과 밀가루를 섞어 써도 돼요.

백설 찰밀가루 | 백설 5가지 재료로 만든 튀김가루 | 백설 우리밀 부침가루

옥주부푸드 최적의 조리법

제가 여러 가지 재료로 이리저리 만들어보니 너무 맛있어 혼자 먹기 아깝다는 생각에 '내 사람들'과 함께 먹으려고 옥주부푸드를 만들었어요. 시판 제품이다 보니 최적의 조리법이 최고의 맛을 내기 때문에 여러분을 위해 정리해 봤어요. 다양한 요리로 활용할 수 있는 레시피도 책 속에 담았답니다.

옥주부 떡갈비

해동하지 않은 상태로 약한 불에서 식용유를 살짝 두른 프라이팬에서 천천히 앞뒤로 노릇하게 구워주세요. 처음 1~2분 동안은 뚜껑을 닫고 열기를 반복해 주면 고기가 촉촉해져요.

옥주부 쭈꾸미볶음

반드시 해동해서 중약불에 기름 없이 천천히 익히세요. 쫙 펼쳐놓고 참을성 있게 조금 기다렸다가 지글지글 소리가 나면 강불로 바꿔서 익히면 돼요. 조리 시간 7분은 넘기지 않아야 질겨지지 않아요. 마지막에 삶은 우동면을 부어 같이 먹으면 최고의 맛이에요.

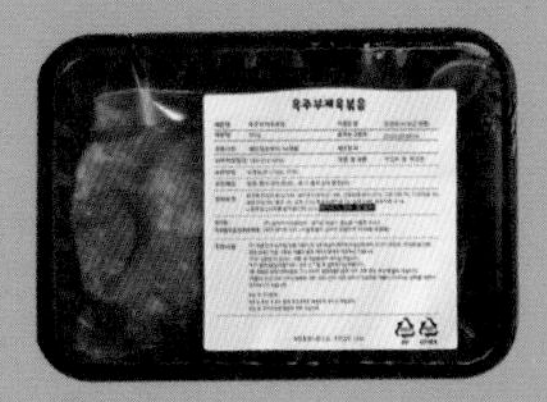

옥주부 제육볶음

해동해서 예열하지 않은 코팅 프라이팬에 바로 올려 익히세요. 뒤집개 2개로 골고루 뒤집어 가며 바닥에 밀착시켜 구우세요. 양파 등 다른 재료를 넣지 않는 게 더 맛있어요.

옥주부 제주돼지 통까스 6종(등심, 치즈, 고구마, 생선, 새우, 치킨)

전자레인지보다는 180℃로 예열한 에어프라이어에 익혀야 가장 맛있어요. 에어프라이어의 종류가 다양해져서 기기에 따라 가열 시간이 다를 수 있어요. 8~12분까지 가장 맛있는 조리 시간을 찾아보세요.

옥주부 문방구 앞 떡볶이

떡은 미리 물에 담갔다가 사용하고, 쫄면은 바로 넣으세요. 어묵은 넣지 말고, 대파를 썰어 넣으면 맛있어요.

옥주부 안심 치킨텐더

예열한 에어프라이어에 조리하는 게 가장 맛있고, 샐러드 채소와 함께 먹으면 좋아요.

옥주부 미니돈까스

에어프라이어에서 익히는 게 가장 맛있어요.

옥주부 고기 왕만두

고기만두는 튀기듯 구워도 맛있어요. 튀길 때 포인트는 프라이팬에 식용유를 넉넉히 두르고 온도를 처음부터 180℃로 올리지 마세요. 낮은 온도에서 천천히 올리면서 만두를 뒤집어 가며 노릇하게 구우세요.

옥주부 갈비찜

냉동 상태로 중불에서 국물이 녹을 때까지 서서히 익히다가 뚜껑을 덮고 15분 이상 더 끓여 고기가 완전히 익으면 드세요.

옥주부 대관령 한우사골 고기곰탕

사골곰탕은 팔팔 끓을 때 파를 넣지 말고 대접에 옮겨 담아 먹기 직전에 송송 썬 파를 곁들여야 맛있어요.

옥주부 김치 왕만두

찜솥에 넣고 찌는 게 가장 맛있지만, 간편하게 실리콘 찜기에 물과 함께 넣어 전자레인지에 쪄도 맛있어요.

옥주부 소곱창 전골

해동하지 않은 상태로 냄비에 넣고 중불에서 뚜껑을 덮고 뭉근하게 끓이세요. 삶은 우거지를 추가하면 더 맛있어져요.

옥주부 뼈없는 갈비탕

냉동 상태로 냄비에 넣고 바로 끓여 드세요. 큼직한 고기가 듬뿍 들어 있는데 다 끓인 후 고기를 먹기 좋은 크기로 잘라도 돼요.

옥주부 우삼겹구이

해동하지 말고 구우세요. 프라이팬에 결이 위로 올라오게 덩어리째 놓고, 뚜껑을 덮어서 1분 정도 두었다 뒤집어서 또 잠깐 두면 결이 하나씩 떨어지기 시작해요. 그때 한 겹씩 떼어 살짝만 익혀 드세요. 소스를 넣어 먹어도, 찍어 먹어도 굿이에요.

옥주부 메밀냉면

메밀 면은 삶기 전에 찬물에 담가놓았다 풀어진 채로 삶아야 떡지지 않아요. 삶은 뒤에는 찬물에 여러 번 바락바락 헹궈내야 더 맛있고요. 면은 반드시 45초만 삶으세요. 푹 익은 면을 좋아하는 사람이라도 절대 1분 이상 삶지 마세요. 너무 삶으면 맛이 없어지거든요.

옥주부 고기가득 등심 탕수육

에어프라이어에서 익히고, 아주 약불에 소스를 올려 프루트칵테일을 넣고 끓여 부으며 맛있어요. 유린기 소스에는 다진 고추나 파채를 곁들이면 더 좋아요.

옥주부 혼합 12곡

백미 300g에 혼합 12곡 1봉지를 사용하면 3인분이 완성돼요. 물은 보통 때와 비슷하게 잡으면 돼요.

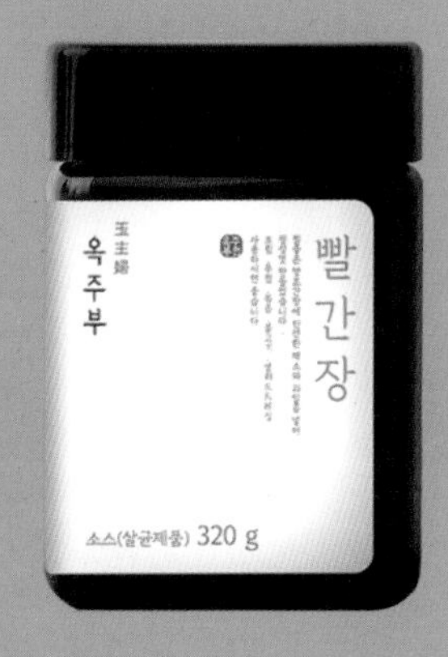

옥주부 맛간장

간장 베이스의 양념을 사용하는 볶음, 조림 등의 요리에 잘 어울리는 만능 간장이에요.

옥주부 빨간장

떡볶이, 볶음, 조림 등 양념 고추장이 들어가면 좋은 음식을 간편하게 만들 수 있는 만능 양념 고추장. 짬뽕 같은 칼칼한 요리엔 어울리지 않아요.

옥주부 진한 멸치국물팩 & 시원한 꽃게해물 국물팩

국물 요리 육수 낼 때 사용하는 팩이에요. 적당량의 물에 국물팩을 넣고 5~10분간 끓이면 손쉽게 완성됩니다.

①

②

③

⑥

⑦

⑧

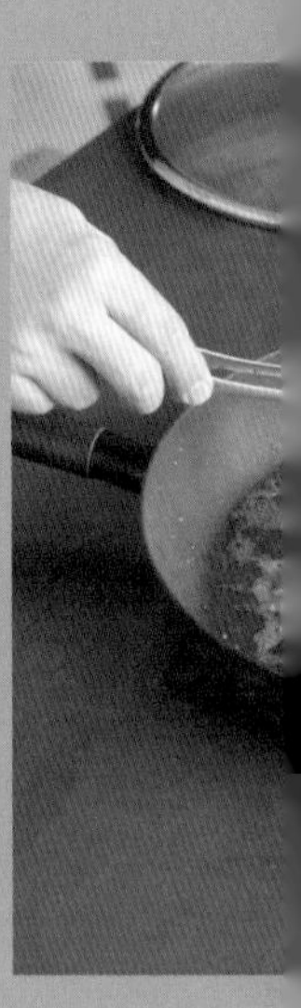

혼합
12곡
⑫

뼈없는
갈비탕
600g
⑬

⑭

① 옥주부 떡갈비

② 옥주부 쭈꾸미볶음

③ 옥주부 제육볶음

④ 옥주부 제주돼지 통까스 6종(등심, 치즈, 고구마, 생선, 새우, 치킨)

⑤ 옥주부 문방구 앞 떡볶이

⑥ 옥주부 소곱창 전골

⑦ 옥주부 고기 왕만두

⑧ 옥주부 갈비찜

⑨ 옥주부 우삼겹구이

⑩ 옥주부 미니돈까스

⑪ 옥주부 대관령 한우사골 고기곰탕

⑫ 옥주부 혼합 12곡

⑬ 옥주부 뼈없는 갈비탕

⑭ 옥주부 고기가득 등심 탕수육

⑮ 옥주부 메밀냉면

⑯ 옥주부 안심 치킨텐더

PART 1
반찬

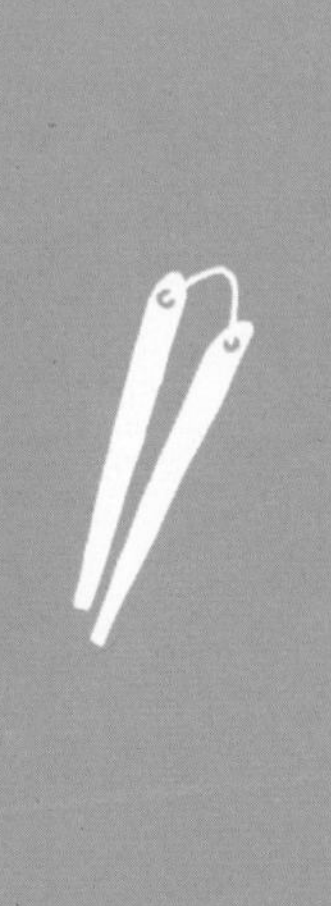

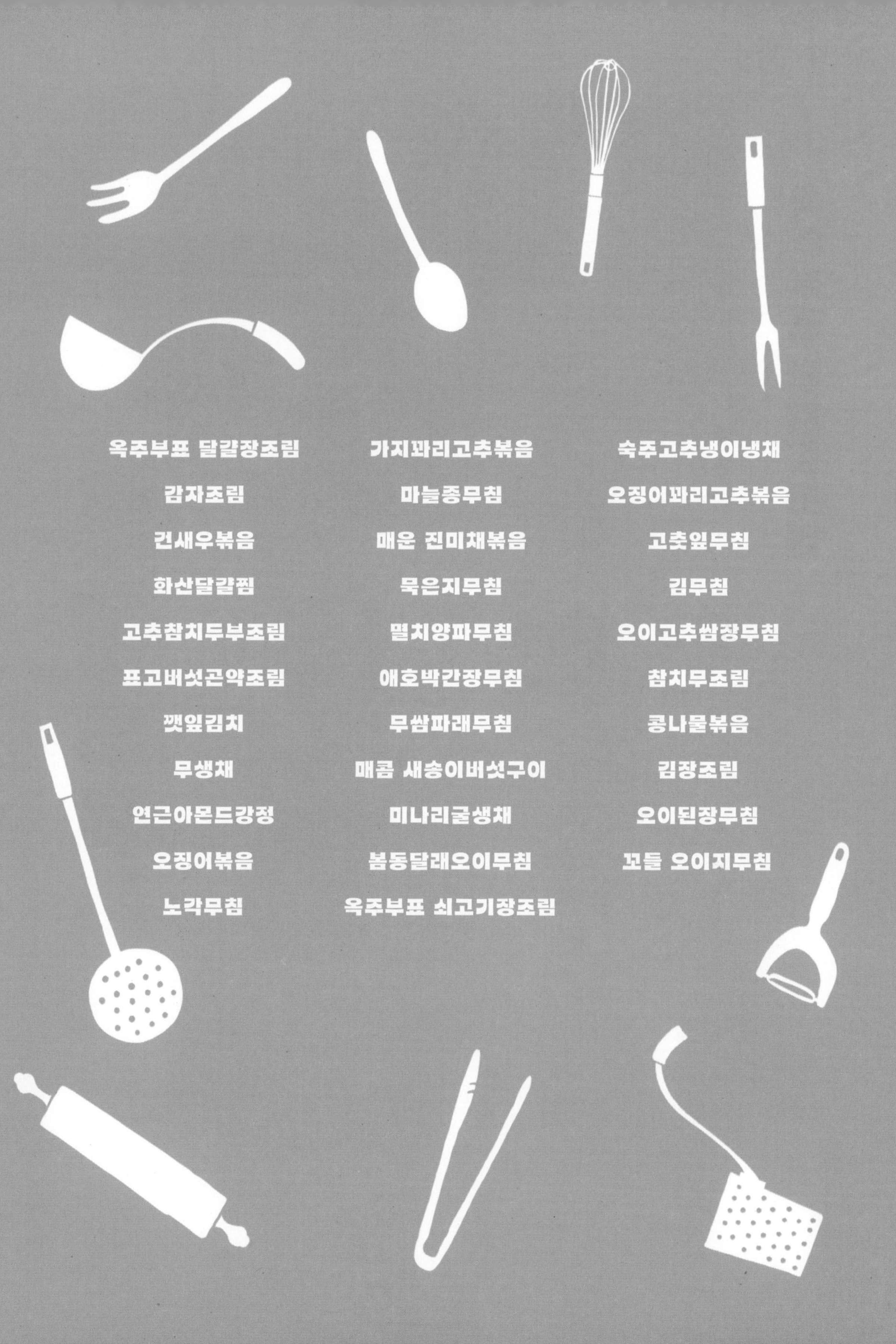

옥주부표 달걀장조림
감자조림
건새우볶음
화산달걀찜
고추참치두부조림
표고버섯곤약조림
깻잎김치
무생채
연근아몬드강정
오징어볶음
노각무침
가지꽈리고추볶음
마늘종무침
매운 진미채볶음
묵은지무침
멸치양파무침
애호박간장무침
무쌈파래무침
매콤 새송이버섯구이
미나리굴생채
봄동달래오이무침
옥주부표 쇠고기장조림
숙주고추냉이냉채
오징어꽈리고추볶음
고춧잎무침
김무침
오이고추쌈장무침
참치무조림
콩나물볶음
김장조림
오이된장무침
꼬들 오이지무침

1

옥주부표 달걀장조림

냉장고 속에 거의 밑반찬처럼 있는 메뉴예요. 애들 어릴 땐 간장 넣고 비벼 주던 '계란밥'이 필수였다면, 요즘은 '달걀장조림 덮밥'이 단골 메뉴랍니다. 따끈한 흰 밥에 달걀장조림 반으로 잘라 두 쪽 얹고, 국물 살짝 부어주면 다른 반찬이 필요 없어요.

재료

달걀 8개
양파 1/2개
대파 1/3대
청·홍고추 1개씩
가쓰오부시 5g(또는 멸치 액젓 1/4숟가락)
다진 마늘 2숟가락
참기름 1/2숟가락
후춧가루·통깨 약간씩

양념

간장 1/2컵
물 1과 1/2컵
맛술 3과 1/2숟가락
설탕 5와 1/2숟가락

조리 방법

1 끓는 물에 달걀을 넣고 8분간 삶은 다음 찬물에 담가 식혀 껍질을 벗긴다.
2 양파, 대파, 청·홍고추는 잘게 다진다.
3 분량의 재료를 섞어 양념을 만든다.
4 냄비에 ③의 양념을 넣고 강불에서 한소끔 끓으면 불을 끄고 재빨리 가쓰오부시를 넣어 5분간 두었다가 간장만 걸러 차게 식힌다. 가쓰오부시가 없으면 분량의 멸치 액젓을 넣어 차게 식힌다.
5 식힌 양념에 ②의 다진 양파, 대파, 청·홍고추와 다진 마늘, 참기름, 후춧가루, 통깨를 함께 넣고 저어 잘 섞은 후 ①의 껍질 벗긴 달걀을 넣고 보관 용기에 담는다.
6 냉장실에 넣고 하루 정도 숙성시킨 뒤 밥과 함께 먹는다.

2 감자조림

감자조림은 너무 오래 두고 먹으면 푸슬푸슬해지기 때문에 감질나도 그때그때 조금씩만 만들어 먹는 게 맛있게 먹는 비법이라면 비법이랄까요? 마지막 단계에서 버터를 넣으면 고소한 맛이 배가됩니다.

재료

감자(중) 400g(3개 분량)
올리고당 4숟가락
식용유 2숟가락
버터 10g

양념

물 50ml
간장 2숟가락
샘표 연두·맛술 1숟가락씩

조리방법

1 감자는 먹기 좋은 크기로 깍둑썰기 해 찬물에 5분 정도 담가 전분기를 뺀 뒤 깨끗이 헹궈 체에 밭쳐 물기를 뺀다.
2 분량의 재료를 섞어 양념을 만든다.
3 냄비에 감자, 올리고당, 식용유를 넣고 감자가 반 정도 익을 때까지 중불에서 볶는다.
4 ③의 볶은 감자에 ②의 양념을 넣고 조린 후 감자가 익으면 불을 끄고, 버터를 넣고 잘 섞는다.

3

건새우볶음

살짝 코팅된 듯한 표면을 아작 깨물면 달고 바삭한 새우가 씹히는 게 참 맛있는 반찬이에요. 양조간장을 쓰면 더 감칠맛이 돌아요.

재료

건새우 100g
쪽파 2대
통깨 적당량

양념

고추장·설탕·올리고당·참기름
1숟가락씩
양조간장 1/2숟가락

조리 방법

1 기름을 두르지 않은 달군 프라이팬에 건새우를 볶아 잡내를 제거한다.
2 쪽파는 송송 썬다.
3 분량의 재료를 섞어 양념을 만든다.
4 프라이팬에 ③의 양념을 넣고 살짝 끓인 다음 ①의 볶은 건새우를 넣고 버무리듯 섞은 뒤 쪽파와 통깨를 뿌려 마무리한다.

4

화산달걀찜

달걀찜은 국물이 자작한 버전과 화산처럼 불룩 올라오는 뚝배기 버전이 있어요. 뚝배기 버전에 참치액과 멸치 액젓을 동량으로 넣고 물의 양을 늘리면 국물 버전이 됩니다.

재료

달걀 3개

물 1컵

당근·대파 약간

참기름 1/2숟가락

양념

참치액 1숟가락

맛소금 2꼬집

조리 방법

1 달걀에 물을 부어가며 잘 섞는다.

2 당근과 대파는 다진다.

3 분량의 재료를 섞어 양념을 만든다.

4 달걀물에 다진 당근과 대파, 양념을 함께 넣고 젓는다.

5 뚝배기 안쪽에 참기름을 바른 뒤 ④의 달걀물을 부어 강불에서 달걀이 거의 익을 때까지 계속 저은 다음 불을 끄고 뚜껑을 닫아 2분 정도 뜸을 들인다.

5

고추참치두부조림

옛날에 고추참치 캔 제품이 출시됐을 때 도시락 반찬으로 한 통 싸 가면 시선을 한 몸에 받았는데, 요즘 애들은 먹을 게 많아서 그런지 큰 감흥을 보이지 않더라고요. 그래서 두부조림에 응용해 봤는데 의외로 감동적인 맛이 탄생했어요. 따뜻할 때 먹어야 더 맛있답니다.

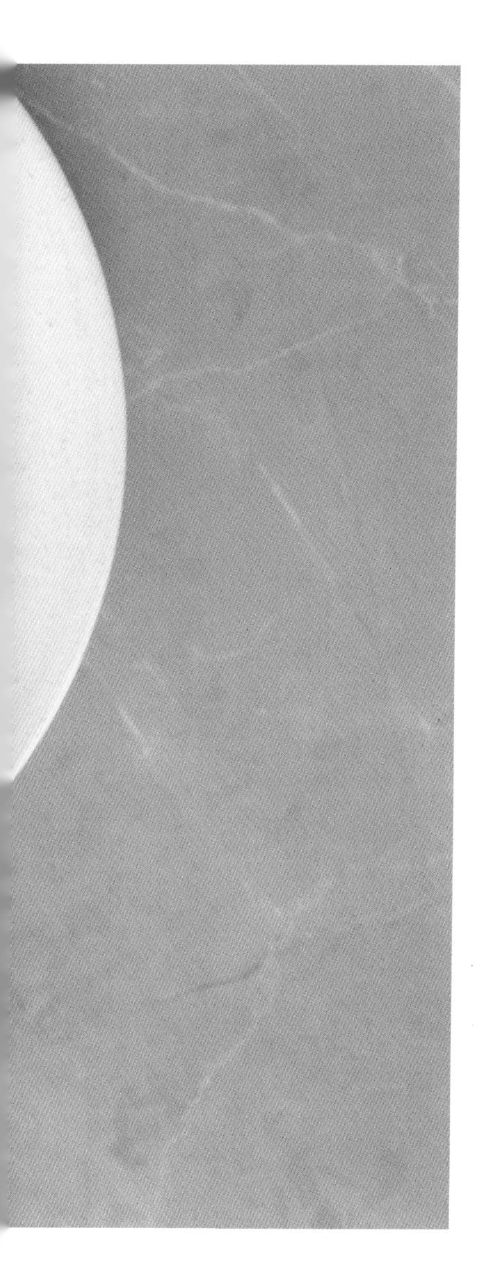

재료

고추참치 85g(작은 캔 2개 분량)
두부 300g(1모)
양파 1/4개
물 1컵
쪽파 1대
멸치 액젓 2숟가락
후춧가루·식용유·참기름
1숟가락씩

조리 방법

1 고추참치는 그대로 준비하고, 두부는 두툼하게 썰고, 양파는 가늘게 채 썬다. 쪽파는 송송 썬다.
2 식용유를 살짝 두른 팬에 두부를 앞뒤로 노릇하게 부친다.
3 ②에 고추참치(기름 포함)와 물, 멸치 액젓, 후춧가루, 채 썬 양파를 넣고 끓이면서 조린다.
4 완성된 두부조림에 쪽파를 올리고 참기름을 두른 뒤 먹는다.

6

표고버섯곤약조림

다이어트할 때 살 덜 찌는 재료를 검색하다 생각한 메뉴예요. 그래도 양념은 넣으니 살이 안 찌진 않겠지만 식감과 칼로리 두 마리 토끼를 어느 정도 잡을 수 있다고 생각해요.

재료

곤약 1개(250g)
표고버섯 3개
다시마 5×5cm 1조각
청·홍고추 1개씩
물 1컵
참기름·통깨 1숟가락씩

양념

간장 6숟가락
설탕 1숟가락
물엿 3숟가락

조리 방법

1 곤약은 주사위 모양으로 썰어 끓는 물에 2분 정도 데친 뒤 물에 헹궈 특유의 냄새를 제거한다.
2 표고버섯은 밑동을 제거하고 모양 그대로 썬다.
3 청·홍고추는 길게 반으로 갈라 씨를 제거하고 송송 썬다.
4 분량의 재료를 섞어 양념을 만든다.
5 냄비에 곤약, 표고버섯, 다시마, 양념, 물을 넣고 조리다가 국물이 자작해지면 청·홍고추를 넣고 참기름을 둘러 살짝 버무린 후 통깨를 뿌린다.

7 깻잎김치

깻잎장아찌도 맛있지만 바로 해서 먹는 깻잎김치가 제일 맛있죠. 매운 것 못 드시는 분은 청양고추를 빼고 조리해도 되는데, 좀 매콤해야 밥도둑인 거 아시죠?

재료

깻잎 40장
양파 1/2개
당근 1/6개
청양고추 1개
대파 1/6대

양념

간장 3숟가락
올리고당·고춧가루·매실청·멸치 액젓 2숟가락씩
다진 마늘·통깨·설탕 1숟가락씩

조리 방법

1 깻잎은 깨끗이 씻어 채반에 밭쳐 물기를 뺀다.
2 양파와 당근은 가늘게 채 썰고, 청양고추와 대파는 다진다.
3 분량의 재료를 섞어 양념을 만든다.
4 ③의 양념에 양파와 당근, 청양고추, 대파를 넣고 섞는다.
5 깻잎 한 장 한 장을 켜켜이 쌓으며 양념을 바른다.

8

무생채

무가 맛있어지는 겨울에 자주 해 먹는 무생채는 반찬으로도 굿이지만 입맛 없을 때 비빔밥에 올려 먹으면 더 맛있죠. 저는 씹는 맛이 느껴지도록 무를 두껍게 썰어 만드는 게 좋은데 익숙하지 않은 분들은 채칼로 가늘게 썰어 무쳐도 돼요. 밥 비벼 드시려면 그게 더 좋긴 해요. 무치자마자 먹는 것도 맛있지만 냉장고에 하루 정도 두었다 먹으면 더 맛있어요.

재료

무 1개(약 1kg)
고춧가루 4숟가락
대파 1/2대

양념

설탕·꽃소금·새우젓·다진
마늘·매실청 1숟가락씩
멸치 액젓 6숟가락
사과식초 4숟가락
미원 1/3숟가락
깨 적당량

조리 방법

1 무는 채 썰고 대파는 어슷썰기 한다.
2 볼에 채 썬 무를 담고 고춧가루를 넣어 먼저 버무린다.
3 분량의 재료를 섞어 양념을 만든다.
4 ②의 볼에 양념과 대파를 넣고 버무린다.
5 냉장고에 넣어 두었다가 하루 뒤에 먹는다.

9

연근아몬드강정

연근의 식감을 색다르게 바꾸면 아이들이 훨씬 잘 먹어요. 어릴 때부터 먹던 익숙한 조림도 맛이 있지만, 연근과 아몬드를 섞어서 강정으로 만들면 쫀득한 연근의 식감과 오도독한 아몬드의 식감이 어우러져 전혀 다른 맛을 선사해요.

재료

깐 연근 300g
통 아몬드 30g
전분 3숟가락
식용유 적당량

양념

간장 1과 1/2숟가락
물엿 3숟가락
맛술 2숟가락
다진 마늘 1/2숟가락
물 1숟가락

조리 방법

1 연근은 깨끗이 씻어 0.5cm 두께로 썬 뒤 전분을 묻혀 180℃로 끓인 식용유에 넣어 노릇하게 튀긴다.
2 분량의 재료를 섞어 양념을 만든다.
3 프라이팬에 ①의 튀긴 연근과 아몬드, 양념을 함께 넣고 약불에서 잘 섞어가며 살짝 볶는다.

10

오징어볶음

오징어볶음 할 때 고추장을 많이 넣으면 텁텁한 맛이 나기 때문에 저는 고춧가루를 많이 넣는 편이에요. 맵기는 기호에 따라 조절하면 되고, 멸치 액젓은 꼭 넣으세요. 그래야 감칠맛이 살아난답니다. 이때 오징어를 링 모양으로 썰면 같은 오징어볶음이라도 다른 요리처럼 보이니 재료 손질에 변화를 줘보세요.

재료

오징어 1마리
대파·양파 1/2개씩
당근 30g
양배추 100g
청양고추(또는 풋고추) 2개
식용유 적당량

양념

고추장·설탕·참기름·멸치 액젓 1숟가락씩
고춧가루 4숟가락
진간장·올리고당 2숟가락씩
다진 마늘·통깨 1/2숟가락씩

조리 방법

1 오징어는 깨끗이 씻어 손질한 후 먹기 좋은 크기로 썬다.
2 양파는 채 썰고 대파와 고추는 어슷썰기 한다. 당근은 세로로 4등분한 뒤 길게 편으로 썰고 양배추는 굵게 채 썬다.
3 분량의 재료를 섞어 양념을 만든다.
4 식용유를 두른 팬에 대파를 넣고 달달 볶다 오징어를 넣고 볶으면서 양파, 당근, 양배추, 고추, 양념을 넣고 강불에 빨리 볶아낸다.

11

노각무침

저희 엄마표 노각무침이에요. 처음엔 그 맛을 내기가 참 어려웠는데, 이제 저에게도 아빠 손맛이 장착됐는지 얼추 그 맛을 낼 수 있게 됐네요. 노각무침은 고추장이랑 고춧가루를 섞어서 양념하는 게 더 맛있는데, 그래서 비빔국수나 비빔밥 재료로 더욱 돋보이는 메뉴죠.

재료

노각 1개
청·홍고추 1개씩
굵은소금 1숟가락
통깨 약간

양념

고추장 1과1/2숟가락
고춧가루·오미자청(또는 매실청)·멸치 액젓·식초·참기름 1숟가락씩
설탕·다진 마늘 1/2숟가락씩

조리 방법

1 노각은 양 끝을 자르고 반으로 갈라 숟가락으로 씨를 긁어내고 먹기 좋은 크기로 썬 다음 굵은소금을 뿌려 15분 정도 절인다.
2 청·홍고추는 반으로 갈라 씨를 제거한 다음 송송 썬다.
3 분량의 재료를 섞어 양념을 만든다.
4 ①에서 절인 노각을 씻어 물기를 꼭 짠 뒤 청·홍고추, 양념을 넣어 무치고 통깨를 뿌려 먹는다.

12

가지꽈리고추볶음

저는 요리에 꽈리고추를 자주 쓰는 편인데요. 적당한 매운맛과 꽈리고추 특유의 향이 좋아서예요. 특히 간장 베이스의 양념이랑 잘 어울리니 조림 요리 할 때 넣어보세요. 가지랑 꽈리고추를 섞어 볶으면 중화요리 느낌도 난답니다.

재료

가지 1개
꽈리고추 10개
식용유 2숟가락
양파 1/4개
대파 1/6대

양념

간장·올리고당·다진 마늘·통깨
1숟가락씩
맛소금 2꼬집

조리 방법

1 가지는 깨끗이 씻은 다음 반으로 잘라 어슷하게 썰고, 꽈리고추는 꼭지를 제거한 후 어슷하게 반으로 자른다.
2 양파는 채 썰고, 대파는 송송 썬다.
3 분량의 재료를 섞어 양념을 만든다.
4 팬에 식용유와 대파를 넣고 먼저 볶아 파기름을 만들고 양파, 가지, 꽈리고추, 양념을 함께 넣고 볶는다.

13

마늘종무침

'마늘쫑'은 원래 마늘종이 맞는 말이라는데 '마늘쫑'이라고 하는 게 더 와닿고, 맛있게 느껴지지 않나요? 요리했는데 아린 맛이 남아 있다면 김치 익히듯 며칠 두었다가 먹으면 아린 맛이 가셔요.

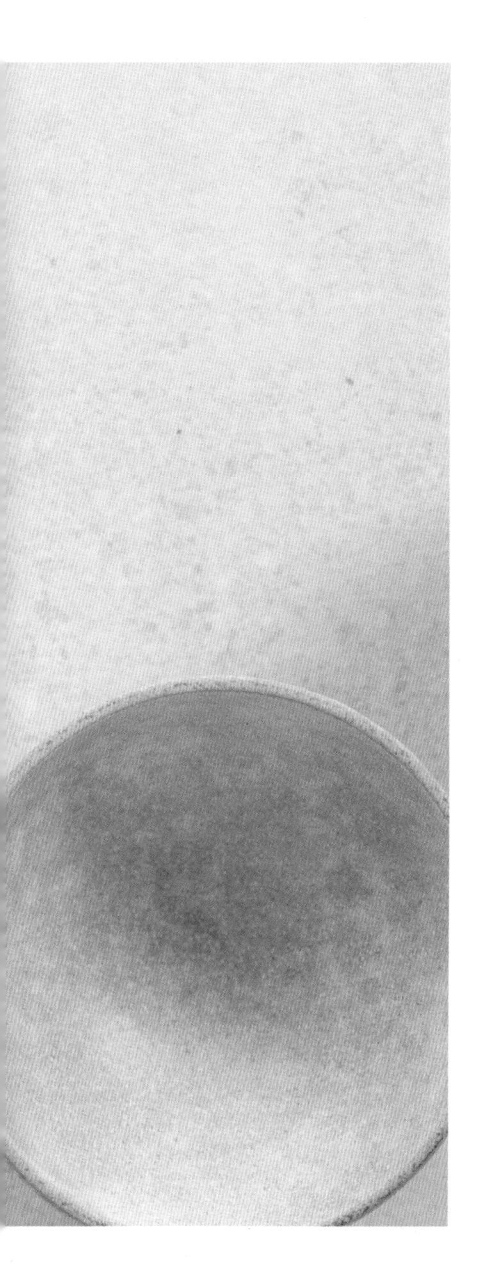

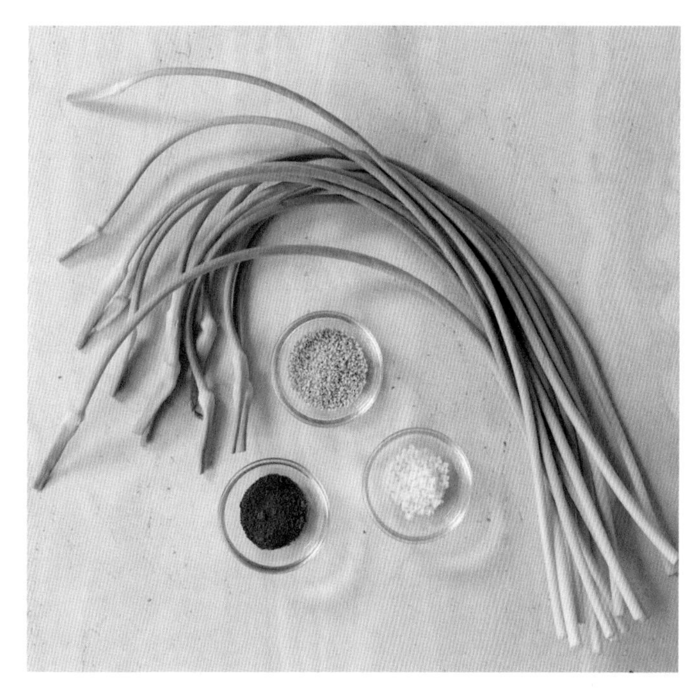

재료

마늘종 200g
굵은소금 1숟가락

양념

고춧가루·매실청·간장 1숟가락씩
맛소금 4꼬집
들기름 1/2숟가락
통깨 3숟가락

조리 방법

1 마늘종은 5cm 길이로 썬 후 끓는 물에 굵은소금과 함께 넣고 1분 정도 데친 다음 찬물에 헹군다.
2 분량의 재료를 섞어 양념을 만든다.
3 볼에 마늘종과 양념을 넣고 버무린다.

14

매운 진미채볶음

진미채볶음을 만들어 놓으면 별다른 반찬 없어도 든든해요. 진미채를 물에 불려 요리하는 게 부드러운 맛을 유지하는 비법이고요. 또 약불에서 서서히 익혀야 딱딱해지지 않아요.

재료

진미채 200g
마요네즈 3숟가락
통깨 적당량

양념

식용유 4숟가락
고추장 3숟가락
간장·다진 마늘 1숟가락씩
올리고당·설탕 2숟가락씩

조리 방법

1 진미채는 물에 5분 정도 담갔다가 채반에 밭쳐 물기를 뺀다.
2 분량의 재료를 섞어 양념을 만든다.
3 팬에 양념을 넣고 살짝 끓인 후 진미채를 넣고 약불에서 볶는다.
4 ③의 불을 끄고 마요네즈를 넣어 섞은 다음 통깨를 뿌린다.

15

묵은지무침

김장 김치에서 쿰쿰한 냄새가 나기 시작하면 볶음부터 무침까지 다양한 묵은지 음식이 밥상에 등장하는데요. 묵은지볶음은 많이 먹으면 좀 느끼한 반면 묵은지 무침은 몇 끼를 먹어도 질리지 않는 맛이에요. 그리고 무침에는 참기름보다 들기름이 더 잘 어울려요.

재료

묵은지 400g
쪽파 2대

양념

들기름 3숟가락
설탕 1/2숟가락
다진 마늘 1숟가락
통깨 적당량

조리 방법

1 묵은지는 소를 털어내고 흐르는 물에 씻어 물기를 꽉 짠 다음 결대로 길게 자른다.
2 쪽파는 송송 썬다.
3 분량의 재료를 섞어 양념을 만든다.
4 볼에 묵은지와 쪽파, 양념을 함께 넣고 버무린다.

16

멸치양파무침

큰 멸치는 비린 맛이 날까 봐 국물 내기 외에 메인 요리 재료로는 선뜻 쓰지 못하는데요. 양파랑 같이 무치면 그런 걱정 없으니 안심하세요. 그리고 멸치 요리의 간은 멸치 액젓으로! 오래 두어도 맛이 잘 변하지 않으니 밑반찬으로 추천합니다.

재료

멸치(중간 크기) 70g
양파 1/4개
쪽파 2대

양념

멸치 액젓 1/2숟가락
간장·식초·참기름·통깨
1숟가락씩
물엿·고춧가루 2숟가락씩

조리 방법

1 멸치는 머리와 내장을 제거한 후 기름을 두르지 않은 프라이팬에 넣고 바삭하게 볶는다.
2 양파는 채 썰고 쪽파는 4cm 길이로 썬다.
3 분량의 재료를 섞어 양념을 만든다.
4 ①에서 볶은 멸치에 양파, 쪽파, 양념을 함께 넣고 버무린다.

17

애호박간장무침

애호박을 부친 뒤 양념간장에 무쳐 먹으면 신세계를 경험하게 될 거예요. 이때 애호박을 얇게 써는 게 포인트! 이 호박을 기름 없이 팬에 구워 한 김 식혀 무치면 양념을 따로 끓이지 않아도 호박에 맛있게 배어요.

재료

애호박 2개

양념

간장 2숟가락
고춧가루·다진 마늘·참기름 1/2숟가락씩
설탕·통깨 1숟가락씩

조리 방법

1 애호박은 0.3cm 두께로 얇게 썬 뒤 팬에 기름 없이 구워내 한 김 식힌다.

2 분량의 재료를 섞어 양념을 만든다.

3 볼에 애호박과 양념을 넣고 고루 버무린다.

18

무쌈파래무침

어느 날 아내가 온라인 쇼핑을 하다 잘못 클릭해서 대용량 무쌈이 집으로 배달된 적이 있어요. 그때 무쌈으로 뭘 해 먹으면 좋을지 고민하다 파래랑 무쳤는데 식초와 설탕 베이스라 그런지 훨씬 새콤달콤한 게 맛있더라고요. 무채 요리에 자신 없는 분들은 무쌈을 활용해 보길 추천해요.

재료

파래·무쌈 200g씩
굵은소금 1숟가락

양념

식초 3숟가락
설탕 2숟가락
다진 마늘·통깨·연두 1숟가락씩
간장 1/2숟가락

조리 방법

1 파래는 굵은소금을 넣고 바락바락 치댄 뒤 물에 3~4번 헹궈 채반에 밭쳐 물기를 뺀다.
2 무쌈은 굵게 채 썬 뒤 물기를 짠다.
3 분량의 재료를 섞어 양념을 만든다.
4 볼에 파래와 무쌈을 담고 양념을 넣어 버무린다.

19

매콤 새송이버섯구이

새송이버섯은 구워 먹을 때 더 맛있는 거 같아요. 더덕구이 양념하듯 매콤하게 양념을 발라 구우면 마치 고기를 먹는 것 같은 기분도 들고 불 맛이 돌아 맛있어요. 아이들에게 먹일 때는 적당한 크기로 썰어 청양고추 빼고 양념과 함께 볶아 줘도 그만이죠.

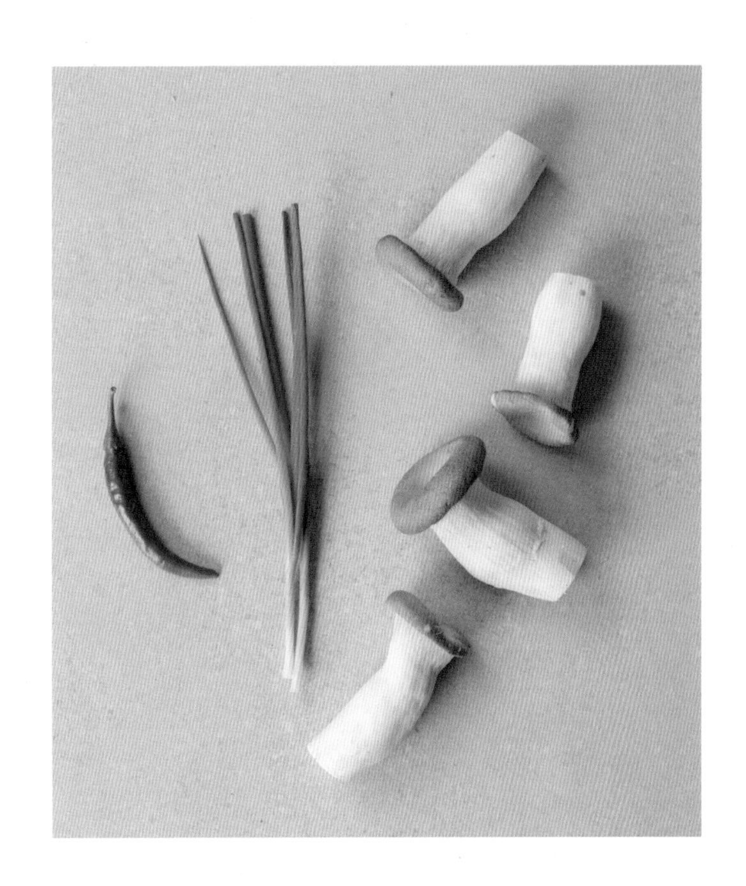

재료

새송이버섯 2~3개
청양고추 1개
쪽파 2대
식용유 적당량

양념

고춧가루·간장·고추장·맛술·
참기름·통깨 1숟가락씩
다진 마늘 1/2숟가락
올리고당 2숟가락

조리 방법

1 새송이버섯은 밑동을 자르고 살짝 씻은 후 키친타월로 물기를 닦아내고 길쭉하게 모양을 살려 썬다.
2 청양고추는 반으로 갈라 씨를 제거하고 송송 썬다.
3 쪽파는 송송 썬다.
4 분량의 재료를 섞어 양념을 만든다.
5 식용유를 두른 팬에 새송이버섯을 앞뒤로 노릇하게 익힌 후 양념과 청양고추를 넣고 간이 잘 배도록 조린다.
6 완성 접시에 새송이버섯구이를 담고 쪽파를 올려 먹는다.

20

미나리굴생채

생굴이 나오는 철에 미나리와 무쳐 먹으면 비린 맛도 안 나고 별미가 됩니다. 무와 양념을 먼저 버무려 색과 간이 배도록 하고 미나리와 굴은 나중에 넣어야 향이 오래 남아요.

재료

굴·무 150g씩
미나리 50g

양념

고춧가루 2숟가락
다진 마늘·멸치 액젓·매실청 1/2숟가락씩
식초·설탕 1과 1/2숟가락씩
연두 1숟가락
통깨 적당량

조리 방법

1 굴은 흐르는 물에 깨끗이 씻어 채반에 밭쳐 물기를 뺀다.
2 무는 깨끗이 씻어 채 썬다.
3 미나리는 깨끗이 씻어 4cm 길이로 썬다.
4 분량의 재료를 섞어 양념을 만든다.
5 볼에 무와 양념을 넣어 먼저 버무린 후 미나리와 굴을 넣고 살살 섞는다.

21

봄동달래오이무침

봄철에 맛있는 재료를 다 넣었으니 안 맛있을 이유가 없지요? 겉절이 느낌으로 바로 무쳐 먹는 음식은 간을 액젓으로 하는 게 맛있어요. 순간적으로 짠맛을 확 올려주고, 감칠맛도 싸악~ 입혀주거든요.

재료

봄동 200g
고추 1개
달래 40g
오이 1/2개
양파 1/4개

양념

멸치 액젓·매실청·고춧가루
2숟가락씩
간장·참기름·다진 마늘
1숟가락씩
미원 1꼬집
검은깨 약간

조리 방법

1 봄동과 달래는 흐르는 물에 깨끗이 씻어 채반에 밭쳐 물기를 뺀다. 고추는 반으로 갈라 씨를 제거하고 송송 썬다.
2 봄동의 큰 잎과 오이는 어슷썰기 하고, 양파는 채 썬다.
3 분량의 재료를 섞어 양념을 만든다.
4 볼에 봄동과 달래, 오이, 양파, 고추, 양념을 넣고 골고루 버무린다.

22

옥주부표 쇠고기장조림

쇠고기장조림은 우리 집 냉장고 속 단골 메뉴예요. 이 레시피는 몇 번의 시행착오를 겪어가며 찾아낸 저만의 황금 레시피라고 단언할 수 있어요. 마늘을 으깨 장조림과 버터를 넣고 함께 비벼 먹으면 다른 반찬이 필요 없죠.

재료

쇠고기 양지 400g
대파 1대
양파 1개
마늘 15쪽
물 5컵
매실청 1과 1/2숟가락

양념

간장 6숟가락
설탕 2숟가락
맛술 4숟가락

조리 방법

1 쇠고기는 찬물에 담가 물을 갈아가며 3시간 이상 핏물을 뺀다.
2 양파는 4등분, 대파는 5등분 한다.
3 냄비에 핏물 뺀 쇠고기와 물, 양파, 대파, 마늘, 매실청을 함께 넣고 강불에서 끓이다가 끓어오르면 약불로 줄여 1시간 정도 삶는다.
4 고기가 삶아지면 양파와 대파를 건져낸 후 국물에 간장, 설탕, 맛술을 넣고 약불에서 20분간 더 끓인다.
5 불을 끄고 고기가 어느 정도 식으면 건져내서 먹기 좋은 크기로 찢는다.
6 그릇에 장조림을 담고 간장 국물을 부어 상에 낸다.

23 숙주고추냉이냉채

매콤·새콤·달콤 3중 콤보의 냉채에 해파리 대신 크래미와 숙주를 넣어보세요. 준비도 간편하고, 아이들도 좋아하는 맛이랍니다. 양장피를 좋아하는 분이라면 고추냉이 대신 연겨자를 사용해도 맛있을 거예요.

재료

숙주 150g
크래미 또는 게맛살 100g
오이 1/4개
당근 약간

냉채 소스

고추냉이(튜브 제품) 2숟가락
설탕 1과 1/2숟가락
다진 마늘 1숟가락
소금 1/2숟가락
식초 4숟가락

조리 방법

1 숙주는 깨끗이 씻어 끓는 물에 2분 정도 데쳐내 찬물에 살짝 헹군 후 물기를 꼭 짠다.
2 크래미나 게맛살은 결대로 찢어 놓는다.
3 오이와 당근은 돌려 깎은 후 채 썬다.
4 분량의 재료를 섞어 냉채 소스를 만든다.
5 볼에 숙주, 크래미, 오이, 당근을 넣고 ④의 소스로 버무린다.
6 냉장 보관 후 시원하게 먹는다.

24

오징어꽈리고추볶음

건오징어를 물에 불려 꽈리고추와 함께 볶으면 꽈리고추의 향이 배어 더 맛있어요. 반건조 오징어로 만들어도 됩니다.

재료

건오징어 1마리
꽈리고추 100g
식용유 2숟가락
통깨 약간

양념

간장 1숟가락
올리고당 2숟가락
후춧가루 약간

조리 방법

1 건오징어는 가운데 심을 제거하고, 가위를 이용해 먹기 좋은 크기로 자른 후 물에 15분 이상 담가 말랑해지면 채반에 밭쳐 물기를 뺀다.
2 꽈리고추는 깨끗이 씻어 그대로 쓰거나 너무 길면 어슷하게 한 번 썬다.
3 분량의 재료를 섞어 양념을 만든다.
4 팬에 식용유를 두르고 오징어와 양념을 넣어 간이 배도록 볶은 후 꽈리고추를 넣고 색이 변하지 않을 정도로 살짝 볶는다.
5 접시에 담고 통깨를 뿌려 먹는다.

25

고춧잎무침

이거 이거 또 밥도둑이죠. 그냥 고춧잎에 양념 다 넣고 무치기만 하세요. 고춧잎은 너무 푹 삶으면 물컹거려 곤죽이 돼버리니 끓는 물에 넣자마자 눈 부릅뜨고 살짝 익어 색이 변하면 얼른 건져내세요. 나물 무칠 땐 설탕의 단맛보단 매실청의 단맛이 더 잘 어우러질 거예요.

재료

고춧잎 200g
대파 1/6대
홍고추 1개

양념

멸치 액젓·간장·매실청·다진 마늘·참기름·통깨 1숟가락씩

조리 방법

1 고춧잎은 잎과 가는 줄기만 똑똑 따서 차가운 물에 5분 정도 담가 이물질을 가라앉히고 흐르는 물에 흔들어 가면서 씻은 후 채반에 밭쳐 물기를 뺀다.

2 씻은 고춧잎은 끓는 물에 살짝 데친 후 찬물에 헹궈 물기를 꽉 짠다.

3 대파는 송송 썰고 홍고추는 반으로 갈라 씨를 제거한 뒤 송송 썬다.

4 분량의 재료를 섞어 양념을 만든다.

5 볼에 고춧잎과 양념, 대파, 홍고추를 넣고 버무린다.

26 김무침

오래된 김은 먹기도 그렇고, 버리기엔 아까워 그냥 놔두는 경우가 많은데요. 묵은 김을 무치면 묵은내가 덜 나서 맛나게 먹을 수 있어요. 이때 김을 한 번 구워서 무쳐야 김이 질기지 않고 간이 잘 배요.

재료

묵은 김 10장
홍고추 1개

양념

간장 2숟가락
참기름·통깨 1숟가락씩
설탕·맛술·다진 마늘
1/2숟가락씩

조리 방법

1 묵은 김은 프라이팬에 앞뒤로 바삭하게 구워 위생 비닐 봉지에 넣어 부순다.

2 홍고추는 굵게 다진다.

3 분량의 재료를 섞어 양념을 만든다.

4 볼에 김과 홍고추, 양념을 넣고 조물조물 버무린다.

27

오이고추쌈장무침

오이고추는 많이 맵지 않고 시원한 맛이 나서 아이들도 잘 먹는데요. 쌈장으로 버무리면 더 맛있는 반찬이 된답니다. 고기 먹을 때 함께 놓아도 좋고, 의외로 도시락 반찬으로 싸주면 다른 반찬이랑 잘 어우러진다고 해요.

재료

오이고추(큰 것) 6개

양념

쌈장 2숟가락
올리고당·다진 마늘 1/2숟가락씩
깨소금·참기름·고춧가루 1숟가락씩

조리 방법

1 오이고추는 깨끗이 씻어 2cm 길이로 썬다.

2 분량의 재료를 섞어 양념을 만든다.

3 볼에 오이고추와 양념을 넣고 잘 버무린다.

28

참치무조림

무를 넣고 생선조림을 하면 생선의 가시를 발라 먹기 귀찮아 무를 더 많이 먹게 되더라고요. 그래서 참치를 넣으면 어떨까 생각했는데 의외로 반응이 너무 좋아서 뿌듯했던 메뉴예요. 이 양념 그대로 생선조림을 해 먹어도 그만입니다.

재료

참치 1캔(150g)
무 350g
양파 1/4개
대파·쪽파 1/3대씩
물 2컵

양념

간장 4숟가락
고춧가루·맛술 3숟가락씩
올리고당·참기름 1숟가락씩
멸치 액젓 1/2숟가락
미원 2꼬집
후춧가루 약간

조리 방법

1 참치 캔은 그대로 준비하고 무와 양파는 깍둑썰기 한다. 대파와 쪽파는 송송 썬다.

2 분량의 재료를 섞어 양념을 만든다.

3 냄비에 참치 캔 내용물을 모두 부은 다음 무, 양파, 물, 양념, 대파를 넣고 국물이 자작해질 때까지 조린다. 쪽파를 뿌려 상에 낸다.

29

콩나물볶음

콩나물은 삶아 조리하는 게 일반적이죠? 조금 색다른 맛이 필요한 날, 그냥 볶아 보세요. 아삭한 식감이 살아 있으면서 짭조름한 간이 함께 넣은 채소들과 잘 어우러져 콩나물 싫어하는 사람도 잘 먹을 거예요.

재료

콩나물 300g
양파 1/2개
당근 20g
쪽파 2대
식용유 2숟가락

양념

멸치 액젓·참기름·통깨
1숟가락씩
설탕·다진 마늘 1/2숟가락씩
쇠고기 다시다 1/3숟가락

조리 방법

1 콩나물은 깨끗이 씻어 채반에 밭쳐 물기를 뺀다.
2 쪽파는 3cm 길이로 썰고, 양파와 당근은 채 썬다.
3 분량의 재료를 섞어 양념을 만든다.
4 식용유를 두른 팬에 콩나물, 양파, 당근, 쪽파, 양념을 함께 넣고 볶는다.

30 김장조림

간장을 끓여 부어야 해서 귀찮다고 느껴질 수 있는데 생각보다 손쉬운 요리예요. 조미 김은 간이 되어 있고, 기름기도 있어서 No! 또 곱창김은 풀어지고, 구운 김은 부서지니 일반 김을 사용하세요.

재료

마른 김 20장

양념

간장·맛술·물엿 6숟가락씩

통깨·참기름·물 2숟가락씩

조리방법

1 김은 먹기 좋은 크기로 자른 뒤 밀폐 용기에 담는다.

2 분량의 재료를 섞어 양념을 만든 후 끓여 식힌다.

3 식은 양념을 ①의 김에 붓고 냉장고에 하루 넣었다 먹는다.

31

오이된장무침

오이를 쌈장에 찍어 먹어도 맛있는데 굳이 왜 토장에 무쳐 먹냐고요? 오이를 그냥 먹으면 채소 먹는 기분인데 무쳐 먹으면 반찬 같잖아요. 오이에서 물이 많이 나오니까 맛소금으로 살짝 간해서 바로 드세요.

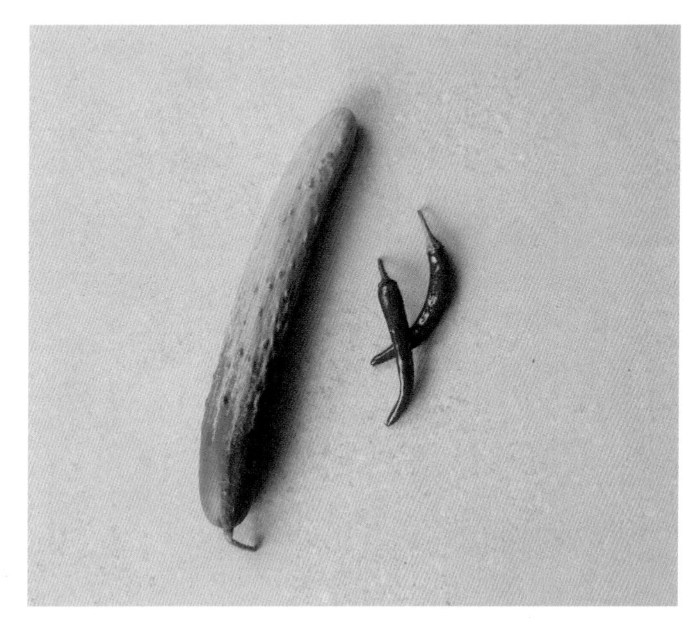

재료

오이·홍고추 1개씩
굵은소금 약간

양념

된장(샘표 토장)·올리고당·통깨·참기름
1숟가락씩
다진 마늘·고춧가루 1/2숟가락씩
맛소금 2꼬집

조리 방법

1 오이는 굵은소금으로 박박 문질러 씻은 뒤 꼭지 부분을 자른다. 세로로 4등분 해 먹기 좋은 크기로 썬다.
2 홍고추는 송송 썬다.
3 분량의 재료를 섞어 양념을 만든다.
4 볼에 오이와 홍고추, 양념을 함께 넣고 버무린다.

32

꼬들 오이지무침

오이지무침의 생명은 꼬들꼬들함? 오이가 큼직하면 무조건 얇게 썰고, 작다 싶으면 오독오독 씹히는 맛이 나도록 굵게 써세요. 둘 다 물기를 꽉 짜서 무치는 게 맛을 잡는 비결이에요.

재료

오이지 2개
통깨 적당량

양념

고춧가루 1숟가락
다진 마늘·설탕·간장·참기름
1/2숟가락씩

조리 방법

1 오이지를 썰어 찬물에 10분 정도 담근다.
2 분량의 재료를 섞어 양념을 만든다.
3 담가둔 오이지의 짠맛이 적당히 제거되었는지 맛본 후 면포에 싸 힘껏 비틀어서 물기를 없앤다.
4 볼에 꼬들꼬들해진 오이지와 양념을 함께 넣고 조물조물 잘 버무려 접시에 담는다.
5 통깨를 솔솔 뿌려 먹는다.

PART 2
국·탕·찌개

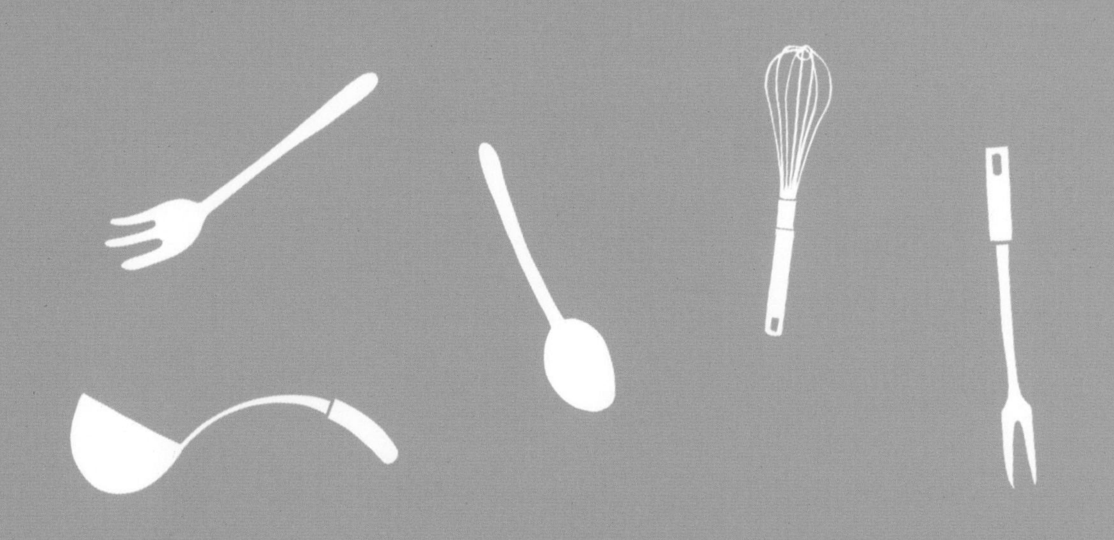

아욱바지락국

매운 장터국밥

알배추쇠고깃국

황태미나리국

꽃게탕

달래토장찌개

뚝배기 불고기

매콤 오징어뭇국

불고기스키야키

굴국밥

명란미역국

닭개장

사골떡만둣국

콩나물김칫국

비지찌개

감자들깨미역국

동태찌개

백골뱅이탕

우렁강된장

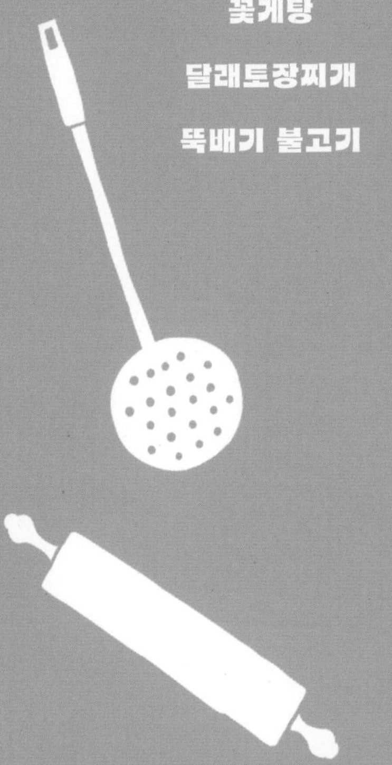

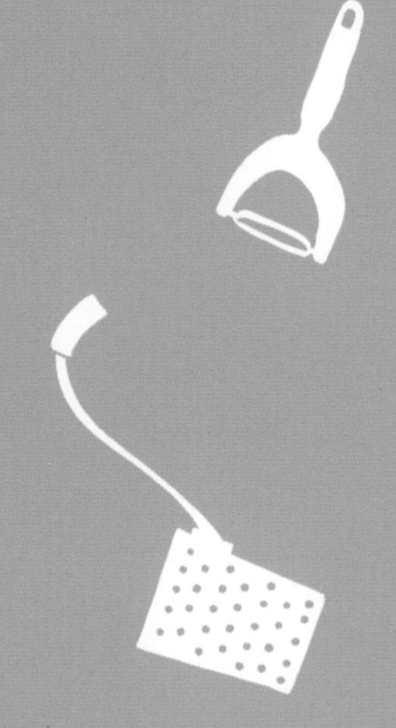

1

아욱바지락국

아욱국은 바지락을 넣고 끓이는 게 국물이 가장 시원하고 맛있어요. 이때 바지락은 살만 손질해서 파는 걸 쓰면 해감 단계를 거치지 않아도 돼 간편해요. 또 멸치 육수랑 맛이 잘 어우러지니 귀찮아도 생수보단 멸치 육수를 사용하세요.

재료

아욱·바지락 살 100g씩
양파 1/4개
멸치 육수 4컵
청양고추 1개
대파 1/6대

양념

된장(샘표 토장) 1숟가락
멸치 액젓·다진 마늘·고추장 1/2숟가락씩
쇠고기 다시다 1/3숟가락

조리 방법

1 아욱은 깨끗이 씻어 끓는 물에 살짝 데친 다음 흐르는 물에 씻는다.
2 바지락 살은 흐르는 물에 씻은 뒤 채반에 밭쳐 물기를 뺀다.
3 양파는 채 썰고 청양고추와 대파는 송송 썬다.
4 분량의 재료를 섞어 양념을 만든다.
5 냄비에 멸치 육수를 붓고 양념을 푼 뒤 끓어오르면 양파와 아욱, 바지락 살을 넣고 한 번 더 끓인 후 대파와 청양고추를 넣어 마무리한다.

2

매운 장터국밥

서울 서소문에 가면 장터국밥 맛집이 있는데요. 똑같지는 않겠지만 따라서 만들어 봤어요. 밥 대신 소면을 넣어 먹으면 그 매력에 푹 빠질 거예요. 직접 갈비탕을 끓여 만들어도 맛있지만, '옥주부 뼈없는 갈비탕'으로 끓이면 손쉽게 완성된답니다.

재료

옥주부 뼈없는 갈비탕 2봉지
밥 2공기(또는 소면 2인분)
식용유·고춧가루 4숟가락씩
대파 2대
무 100~150g
다진 마늘 2숟가락
청양고추 2개
후춧가루·국간장 적당량

조리 방법

1 무는 나박나박 썰고 청양고추와 대파는 송송 썬다.
2 식용유를 두른 냄비에 고춧가루, 다진 마늘, 무를 넣고 달달 볶는다.
3 ②에 옥주부 뼈없는 갈비탕을 붓고 함께 끓이다가 청양고추와 후춧가루를 넣는다. 국간장으로 모자란 간을 맞춘다.
4 그릇에 담고 대파를 넣은 후 삶은 소면이나 밥을 말아 먹는다.

3

알배추쇠고깃국

작은 알배추로 국을 끓이면 봄동을 넣은 것보다 잎이 야들야들하고 고소해요. 쇠고기 베이스의 국물에 다시마와 쇠고기 다시다를 조금 넣으면 감칠맛이 확 올라와서 훨씬 맛있어져요.

재료

쇠고기(양지머리) 200g
무·알배추 100g씩
멸치 육수 8컵
대파 1/4대

양념

국간장 3숟가락
쇠고기 다시다·소금 1/2숟가락씩
다진 마늘·된장(샘표 토장) 1숟가락씩
후춧가루 약간

조리 방법

1 무는 나박나박 썰고, 알배추는 깨끗이 씻은 후 먹기 좋은 크기로 썰고, 대파는 송송 썬다.
2 분량의 재료를 섞어 양념을 만든다.
3 냄비에 멸치 육수를 담고 양지머리와 무를 넣고 1시간 정도 끓인다.
4 ③에 알배추와 양념, 대파를 넣고 끓인다.

4

황태미나리국

애주가는 아니지만 가끔 뜨끈하게 속 풀고 싶을 때 끓이는 국이에요. 황태는 일일이 손질하지 말고, 찢어서 파는 시판 제품을 사용하는 게 편해요. 황탯국에 미나리를 넣으면 좀 더 국물이 시원해지는 것 같아요. 해장국으로 끓인다면 콩나물이랑 고춧가루를 더하세요.

재료

황태 20g
미나리 15g
무 100g
참기름 2숟가락
물 3컵

양념

국간장 2숟가락
멸치 액젓 1숟가락
다진 마늘 1/2숟가락
미원 1꼬집

조리 방법

1 황태는 흐르는 물에 씻어 손으로 물기를 짜고 먹기 좋은 크기로 썬다.
2 미나리는 깨끗이 씻어 3cm 길이로 썬다.
3 무는 나박나박 썬다.
4 분량의 재료를 섞어 양념을 만든다.
5 냄비에 참기름을 두르고 무와 황태를 넣고 달달 볶은 후 물과 양념을 넣고 무가 익을 때까지 끓인 다음 미나리를 넣고 살짝 더 끓여 먹는다.

5

꽃게탕

암꽃게가 제철인 봄에는 살이 통통하게 올라 꽃게탕을 끓여 먹으면 더 맛있어요. 꽃게 손질하기가 부담스럽다면 손질 냉동 꽃게를 추천해요. 해동시키지 말고 물로 헹궈 국물이 끓을 때 넣으면 비리지 않고 맛있어요. 미원을 넣으면 감칠맛이 생기는데, 봄철에는 꽃게 자체가 맛있으니 굳이 넣지 않고 끓여도 충분히 맛있답니다.

재료

꽃게 500g(3마리)
애호박 1/3개
무 1/5개
양파 1/2개
대파 1/2대
물 4컵

양념

된장(샘표 토장) 1/2숟가락
고춧가루·다진 마늘 2숟가락씩
고추장·생강즙·멸치 액젓·국간장 1숟가락씩
미원 2꼬집

조리 방법

1 꽃게는 솔로 깨끗이 씻은 후 먹기 좋게 손질한다.
2 양파는 채 썰고 대파는 어슷썰기 한다. 무는 적당한 크기로 도톰하게 나박나박 썬다.
3 애호박은 2cm 두께, 세로로 길게 썰어 준비한다.
4 분량의 재료를 섞어 양념을 만든다.
5 냄비에 꽃게, 양파, 호박, 무, 물을 넣고 양념을 풀어 끓이다가 대파를 넣고 살짝 더 끓인다.

6

달래토장찌개

봄에 달래와 냉이는 단골 식재료예요. 향만 맡아도 봄이 온 걸 알 수 있죠. 흙을 털고 일일이 하나씩 손질해야 하는 게 귀찮은데, 그래서 그런지 더 정성스럽게 요리하게 된다니까요. 달래는 줄기 윗부분을 묶어서 판매하는 게 보통인데 씻을 때 풀어내지 말고 그대로 물에 뿌리를 담가 살살 흔들어 흙을 턴 후 비늘줄기를 떼어내세요. 된장찌개는 된장 맛이 반인데, 재래 된장과 시판 된장의 장점만 모아놓은 듯한 맛을 내주는 샘표 토장을 추천해요.

재료

달래 70g
멸치 육수 5컵
된장(샘표 토장) 3숟가락
고추장 1/3숟가락
다진 마늘 1/2숟가락
청양고추 1개
두부 1/2모

양념

멸치 액젓 1숟가락
쇠고기 다시다·조개 다시다
1/3숟가락씩

조리 방법

1 냄비에 멸치 육수와 된장(샘표 토장), 고추장, 다진 마늘을 넣고 끓인다.

2 달래는 흙을 털어내고 물로 깨끗하게 씻어 먹기 좋은 크기로 썬다.

3 두부는 큼직하게 깍둑썰기 하고, 청양고추는 송송 썬다.

4 ①에 두부와 청양고추를 넣고 5분 더 끓인다.

5 ②에 손질한 달래와 멸치 액젓, 쇠고기 다시다와 조개 다시다를 넣고 2분 정도 후루룩 끓여 먹는다.

7 뚝배기 불고기

뚝배기 불고기는 신기하게 1인분씩 끓여 먹어야 더 맛있는 거 같아요. 뚝배기 불고기에 김치만 하나 있으면 다른 반찬이 필요 없어요. 달착지근해야 더 맛있는데, 저는 콜라를 넣어 단맛을 올려요. 쇠고기는 핏물을 빼고 요리해야 국물이 텁텁하지 않아 맛있어요. 국물을 더 잡고 싶으면 물을 추가하고 국간장으로 간을 더하세요.

재료

쇠고기(불고기용) 200g
당면 50g
양파 1/2개
대파 1/3대
팽이버섯 1/2봉지
당근 20g
물·콜라 1컵씩

양념

간장 5숟가락
물엿 3숟가락
설탕·맛술 2숟가락씩
쇠고기 다시다 1/3숟가락
미원 2꼬집

조리 방법

1 쇠고기는 키친타월에 올려 핏물을 제거한다.
2 당면은 1시간 이상 물에 불려둔다.
3 팽이버섯은 밑동을 자르고, 양파와 당근은 채 썬다. 대파는 어슷썰기 한다.
4 분량의 재료를 섞어 양념을 만들어 쇠고기를 재워 놓는다.
5 뚝배기에 재운 쇠고기, 양파, 대파, 당근, 팽이버섯, 당면, 물, 콜라를 넣고 끓인다.

8

매콤 오징어뭇국

오징어뭇국은 쇠고기뭇국과는 달리 좀 더 시원한 맛이 나고, 청양고추를 많이 넣고 칼칼하게 먹으면 무척 개운해요. 무와 고춧가루, 오징어를 살짝 볶는 게 포인트인데, 그러면 비리지 않고 칼칼한 맛이 깊어진답니다.

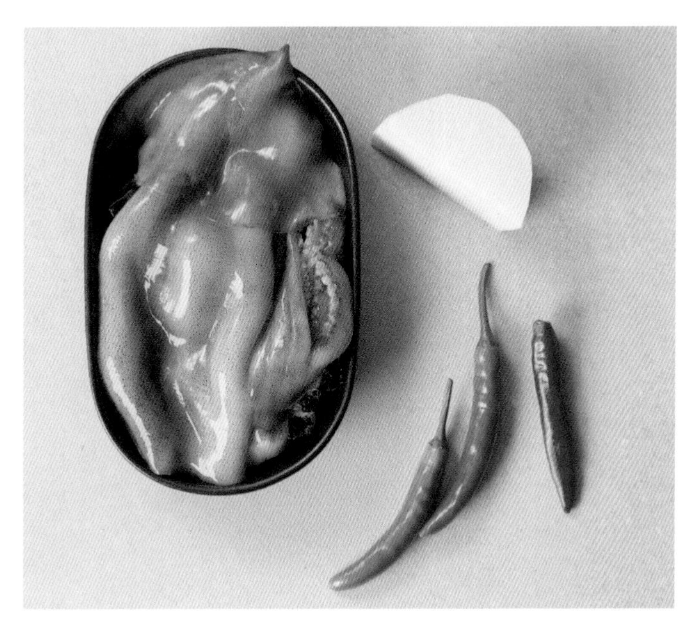

재료

오징어 1마리

무 100g

멸치 육수 5컵

청양고추 2개

홍고추 1개

식용유·고춧가루 2숟가락씩

양념

국간장 2숟가락

다진 마늘·멸치 액젓 1숟가락씩

쇠고기 다시다 1/3숟가락

후춧가루 1/2숟가락

조리 방법

1 오징어는 손질해 먹기 좋은 크기로 썬다.

2 무는 나박나박 썰고 청양고추와 홍고추는 어슷썰기 한다.

3 분량의 재료를 섞어 양념을 만든다.

4 식용유를 살짝 두른 냄비에 오징어와 무, 고춧가루를 넣고 달달 볶다가 멸치 육수와 청양고추, 홍고추, 양념을 넣고 푹 끓인다.

9 불고기스키야키

여러 재료를 손질하는 게 좀 귀찮지만, 별다른 요리 솜씨가 없이도 모양이 근사해 손님 초대 요리로 자주 내놓는 메뉴예요. 달걀노른자에 건더기를 찍어 먹는 것도 은근히 매력적이고요. 간은 옥주부 맛간장 하나면 충분한데, 혹시 없다면 쓰유에 간장, 설탕, 맛술을 적당히 넣어 만드세요.

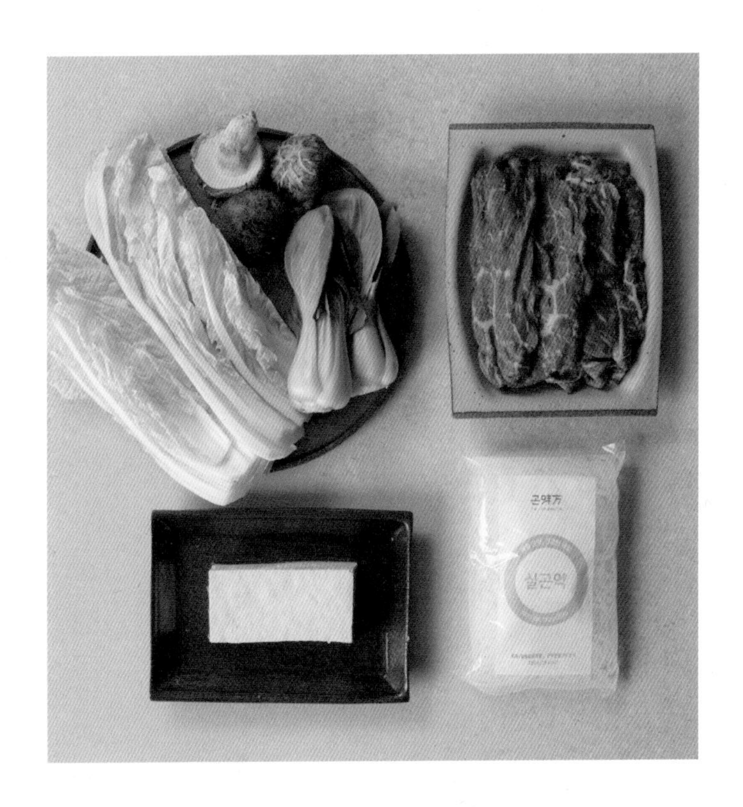

재료

쇠고기(불고기용) 300g
곤약 면 1팩
두부 1/2모
표고버섯 3개
알배춧잎 5장
청경채 2~3개
대파 1대
양파 1/2개
달걀(노른자) 3개
물 2컵
옥주부 맛간장 2숟가락

조리 방법

1 쇠고기는 키친타월에 올려 핏물을 제거하고, 곤약 면은 물기를 빼서 그대로 사용한다.
2 두부는 먹기 좋은 크기로 썰어 마른 팬에 굽는다.
3 표고버섯은 모양 그대로 썰고, 알배춧잎은 먹기 좋은 크기로 썬다.
4 대파는 어슷썰기 하고, 양파는 링 모양으로 썰고, 청경채는 한 잎씩 떼어낸다.
5 냄비에 손질한 재료들을 돌려 담고 물과 옥주부 맛간장을 넣은 다음 끓인다.
6 건더기를 건져 달걀노른자에 찍어 먹는다.

10

굴국밥

경남 통영에 친한 동생이 있어 생굴을 직송해 오는데, 신선한 굴을 쓰는 게 굴국밥을 맛있게 끓이는 비법 중 하나라고 해도 과언이 아니에요. 콩나물과 부추가 시원한 맛을 극대화해 준답니다.

재료

밥 2공기
굴 200g
건미역 4g
콩나물·무·부추 50g씩
청양고추 2개
달걀(노른자) 2개
멸치 육수 5컵
김 가루·통깨 적당량
소금 약간

양념

멸치 액젓·다진 마늘 1숟가락씩
쇠고기 다시다·맛소금
1/3숟가락씩

조리 방법

1 굴은 소금과 함께 물에 넣고 살살 흔들어 저으면서 씻는다.
2 건미역은 물에 불리고, 콩나물은 물로 깨끗이 씻는다.
3 부추는 4cm 길이로 썰고, 무는 나박나박 썰고 청양고추는 송송 썬다.
4 분량의 재료를 섞어 양념을 만든다.
5 냄비에 콩나물, 무, 불린 미역, 멸치 육수를 넣고 끓인 후 굴과 양념을 넣고 한 번 더 끓인다.
6 밥을 담은 그릇에 ⑤를 담고 부추와 김 가루, 통깨, 청양고추, 달걀노른자를 올려 먹는다.

11

명란미역국

미역국의 정석은 쇠고기를 넣고 끓이는 거지만, 명란을 넣으면 색다르게 즐길 수 있어요. 명란이 다 퍼지지 않고 몽글몽글 남아 있도록 살살 저어주세요.

재료

건미역 20g
명란 100g
물 8컵
멸치 액젓 2숟가락
국간장 1숟가락
미원 2꼬집
참기름 2숟가락

조리 방법

1 건미역은 물에 불린다.

2 명란은 칼등으로 살살 긁어 명란 속만 발라낸다.

3 참기름을 두른 냄비에 불린 미역을 넣고 볶다가 물을 넣고 푹 끓인다.

4 ③에 명란, 국간장, 멸치 액젓, 미원을 넣고 다시 한 번 끓여 먹는다.

12

닭개장

육개장보다 애들이 더 좋아하는 메뉴가 닭개장이에요. 닭은 살만 찢어 넣어야 간이 사이사이에 스며 더 맛있어져요.

재료

손질한 닭 1마리
삼계탕용 티백 1개
숙주 200g
삶은 고사리 50g
표고버섯·청양고추 2개씩
대파 1/2대
고춧가루 2숟가락
식용유 4숟가락
물 1.5L(닭 국물 6컵)

양념

국간장 3숟가락
다진 마늘·치킨 스톡 2숟가락씩
소금·설탕 1/3숟가락씩
생강즙 1/2숟가락
후춧가루 약간

조리 방법

1 냄비에 물과 닭, 삼계탕 티백을 함께 넣고 닭이 익을 때까지 끓인다.

2 닭을 건져내 살만 발라 먹기 좋게 찢는다. 닭 육수는 따로 둔다.

3 숙주는 찬물에 씻은 후 그대로 준비하고, 고사리는 먹기 좋게 썬다. 표고버섯은 모양 그대로 썰고, 청양고추는 송송 썬다. 대파는 5cm 길이로 썬다.

4 분량의 재료를 섞어 양념을 만든다.

5 팬에 식용유와 대파, 고춧가루를 넣고 충분히 볶은 후 ②의 닭 육수 6컵을 붓는다. 닭고기, 표고버섯, 고사리, 청양고추, 숙주, 양념을 함께 넣고 푹 끓인다.

13

사골떡만둣국

옥주부 사골곰탕 육수에 만두와 떡국 떡만 넣고 끓이면 끝! 다른 양념을 할 필요가 없어 편하게 요리할 수 있어요. 국물을 좋아한다면 물을 적당히 추가하고 소금과 국간장으로 간을 맞추세요.

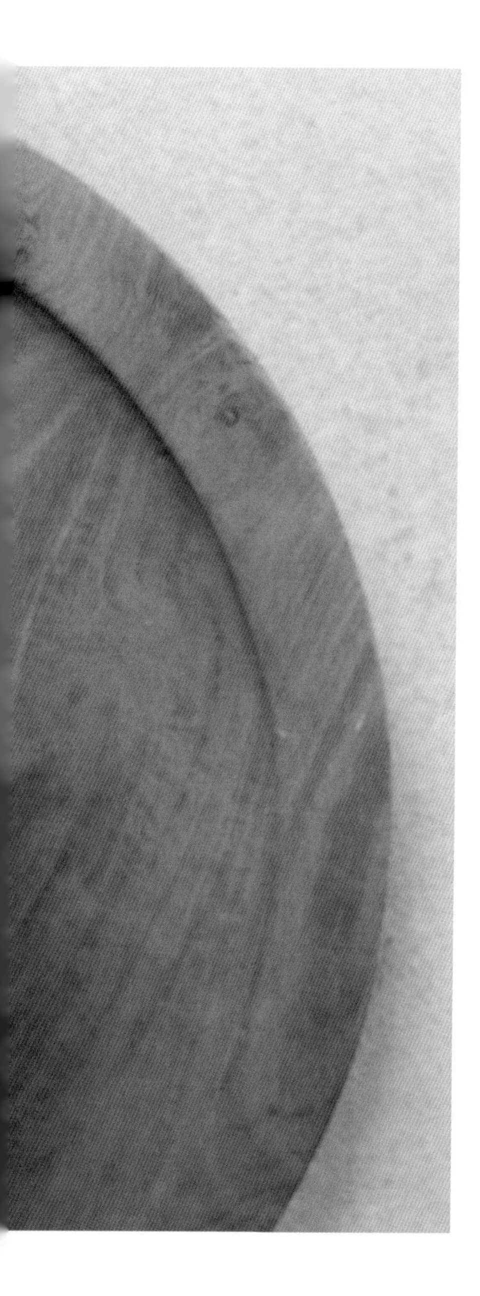

재료

옥주부 대관령 한우 사골곰탕 1봉지
옥주부 왕만두 4개(고기 또는 김치만두)
떡국 떡 200g
대파 1/6대

조리 방법

1 떡국 떡은 물에 30분쯤 담가 불린다.

2 대파는 송송 썬다.

3 냄비에 사골곰탕 육수를 붓고 한소끔 끓어오르면 떡과 만두를 넣고 8분 정도 끓인다.

4 그릇에 떡국을 담고 대파를 올린다.

14

콩나물김칫국

멸치 다시다와 조개 다시다를 섞으면 감칠맛이 최고조로 올라와요. 김치를 볶아서 넣으면 콩나물이 아삭하게 익는 속도랑 딱 맞게 익어서 날김치 맛이 나지 않아 맛있어요. 양념도 국물에 덜 씻겨 내려가는 거 같아요.

재료

콩나물 200g
김치 100g
양파 1/3개
대파 1/2대
들기름 1숟가락
멸치 육수 6컵

양념

멸치 다시다·조개 다시다
1/3숟가락씩
소금 약간

조리 방법

1 김치는 먹기 좋은 크기로 썰어 들기름에 달달 볶는다.

2 양파는 채 썰고, 대파는 어슷썰기 하고, 콩나물은 깨끗이 씻는다.

3 멸치 육수에 볶은 김치와 콩나물, 양파를 넣고 10분 정도 끓인다.

4 멸치 다시다, 조개 다시다, 소금을 넣어 간한 후 2분간 더 끓인다. 대파를 올려 먹는다.

15

비지찌개

비지찌개는 대충 끓여도 맛있는 음식 같아요. 신김치 남았을 때 잘게 잘라 돼지고기랑 같이 볶은 뒤 비지 넣고 끓여 새우젓으로 간하면 끝이에요. 비지는 강한 불에서 끓이면 바닥에 눌어붙으니 불 조절에 신경 쓰세요.

재료

돼지고기(찌개용) 100g
비지 300g
신김치 50g
양파 1/4개
청양고추 1개
대파 1/6대
멸치 육수 1과 1/2컵
식용유·참기름 1숟가락씩

양념

고춧가루·다진 마늘·새우젓 1숟가락씩
국간장 1과 1/2숟가락

조리 방법

1 돼지고기와 김치는 잘게 썰고 양파는 채 썬다.
2 청양고추, 대파는 송송 썬다.
3 분량의 재료를 섞어 양념을 만든다.
4 팬에 식용유와 참기름을 두르고 고기와 김치를 넣고 익을 때까지 볶는다.
5 ④에 멸치 육수를 붓고 한소끔 끓어오르면 양파, 청양고추, 대파, 비지를 넣고 중약불에서 눌어붙지 않도록 저어가며 바글바글 끓인다.

16

감자들깨미역국

감자국의 걸쭉함과 미역의 조화를 느낄 수 있는 메뉴예요. 들깻가루까지 넣기 때문에 밥 없이 이 국 한 그릇만 먹어도 속이 든든해져요. 감자는 부서지지 않게 반달썰기 하는 것을 추천해요.

재료

건미역 20g
감자 1개
멸치 육수 10컵
들깻가루 5숟가락

양념

국간장·멸치 액젓 2숟가락씩
다진 마늘·소금 1숟가락씩
쇠고기 다시다 1/3숟가락

조리 방법

1 건미역은 물에 불려 먹기 좋은 크기로 썬다.
2 감자는 반달썰기 한다.
3 분량의 재료를 섞어 양념을 만든다.
4 냄비에 미역과 감자, 멸치 육수, 양념을 넣고 팔팔 끓이다가 들깻가루를 넣고 다시 한번 끓인다.

17

동태찌개

추운 날엔 동태찌개 하나면 다른 반찬 필요 없죠. 특별한 양념 많이 넣지 않고 멸치 액젓과 국간장만으로 간하면 맛이 시원해요. 동태 토막을 동태 내장과 채소보다 먼저 넣고 끓여 살이 탄탄하게 익도록 하고, 자꾸 뒤적이지 않아야 동태 살이 부서지지 않아요.

재료

손질한 동태(중) 1마리
미더덕·무 50g씩
동태 내장·콩나물 100g씩
청양고추 1개
팽이버섯 1/4봉지
양파 1/4개
대파 1/4대
멸치 육수 4컵
쑥갓 약간

양념

고춧가루 2숟가락
멸치 액젓·국간장·
다진 마늘·조개 다시다·
쇠고기 다시다 1/2숟가락씩

조리 방법

1 동태는 손질한 것으로 준비해 찬물에 헹군다.
2 미더덕과 동태 내장, 콩나물, 쑥갓은 흐르는 물에 씻는다.
3 청양고추와 대파는 어슷썰기 하고 무는 나박나박 썬다.
4 팽이버섯은 밑동만 잘라내고 양파는 채 썬다.
5 분량의 재료를 섞어 양념을 만든다.
6 냄비에 멸치 육수와 무, 미더덕을 넣고 무가 거의 익을 때까지 끓인다.
7 ⑥에 동태와 양념을 함께 넣고 끓인다.
8 ⑦에 내장, 양파, 팽이버섯, 청양고추, 콩나물을 넣고 끓인 뒤 마지막에 대파와 쑥갓을 넣고 숨이 죽으면 불에서 내린다.

18

백골뱅이탕

그냥 넣고 끓이기만 해도 훌륭한 안줏거리가 되는 메뉴예요. 탱탱한 어묵을 좋아하면 어묵을 나중에 넣고, 베트남 고추가 없으면 청양고추를 넣으세요. 멸치 육수 내기도 귀찮다 싶으면 그냥 생수 붓고 국간장 조금 넣고, 다시다 양을 늘려 간을 맞추면 된답니다.

재료

백골뱅이 1kg
무 120g
꼬치 어묵 6개
대파 1/2대
베트남 고추 10개
멸치 육수 6컵
쇠고기 다시다 1숟가락
통후추·소금 약간씩

조리 방법

1 백골뱅이는 껍데기가 얇아 잘 깨지니 조심하며 솔로 살살 문질러 껍데기에 붙은 이물질을 제거한 후 깨끗이 씻는다.
2 무는 나박나박 썰고, 대파는 송송 썬다.
3 냄비에 멸치 육수를 붓고 무와 꼬치 어묵, 백골뱅이, 베트남 고추, 대파를 넣고 쇠고기 다시다를 풀어 15분 정도 끓인다.
4 마지막에 통후추를 갈아 뿌린다. 부족한 간은 소금으로 한다.

19

우렁강된장

입맛 없을 때 쌈이랑 강된장 하나만 있어도 밥 한 공기 뚝딱이죠. 강된장이 끓여도 너무 묽다 싶으면 전분 물을 넣어보세요. 식당에서 파는 맛깔난 점도의 강된장이 될 거예요.

재료

우렁 100g
표고버섯 1~2개
양파 1/4개
청양고추 1개
전분 물 1숟가락

양념

된장(샘표 토장) 2숟가락
고춧가루·고추장·맛술·올리고당·
다진 마늘·참치액 1숟가락씩
멸치 육수 1컵
미원 2꼬집

조리 방법

1 우렁은 깨끗이 씻어 채반에 밭쳐 물기를 뺀다.
2 표고버섯과 양파는 깍둑썰기 하고, 청양고추는 송송 썬다.
3 분량의 재료를 섞어 양념을 만든다.
4 냄비에 표고버섯, 양파, 청양고추, 양념을 함께 넣고 끓인 뒤 전분 물을 넣고 농도를 맞춘다. 마지막에 우렁을 넣고 살짝 끓인다.

PART 3
일품요리

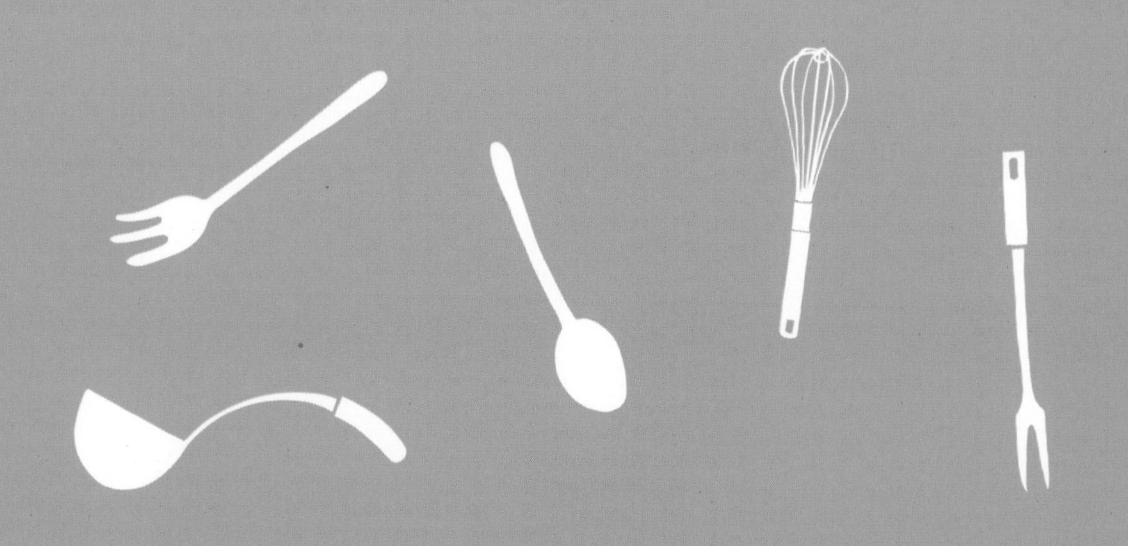

대패삼겹살숙주찜

깐풍가지

안동찜닭

양념 가지갈비

찹스테이크

대패삼겹살 김치말이

매운 등갈비찜

옥잡채

미니 햄버그스테이크

샤부샤부 배추찜

김치묵사발

고등어김치찜

마라닭날개구이

삼계탕&삼계죽

미나리삼겹살말이

닭다리삼계탕

오징어두부두루치기

미나리통새우전

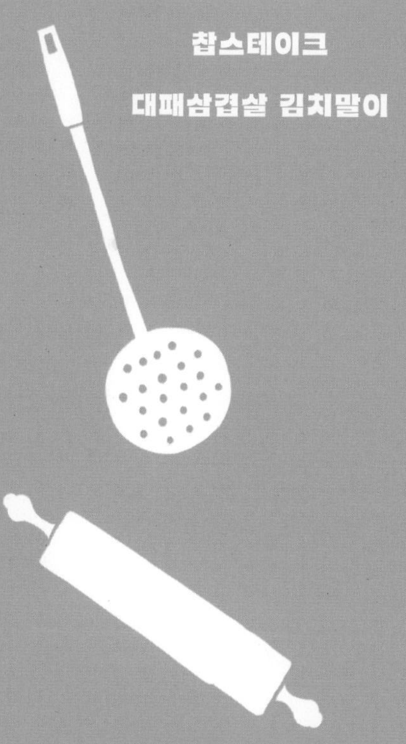

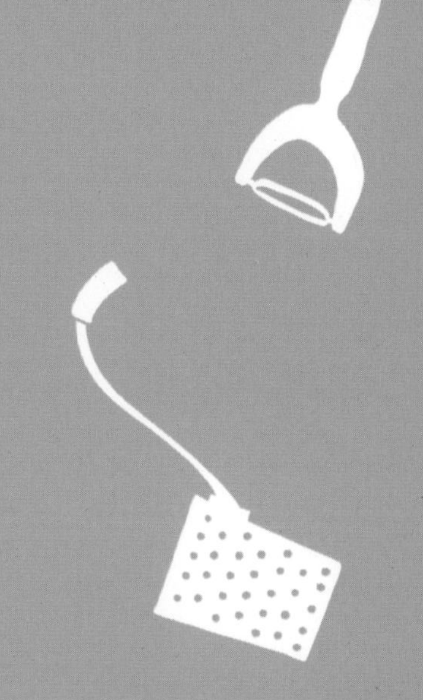

1 대패삼겹살숙주찜

고기 기름이 싹 빠져 담백하며, 살짝 찐 채소의 향긋함이 입안에 감도는 요리예요. 달달한 소스가 킬 포인트랍니다. 소스에 넣는 설탕은 황설탕을 사용하면 찐득함이 생겨 더 맛있어요. 연겨자 대신 고추냉이를 넣어도 맛있어요.

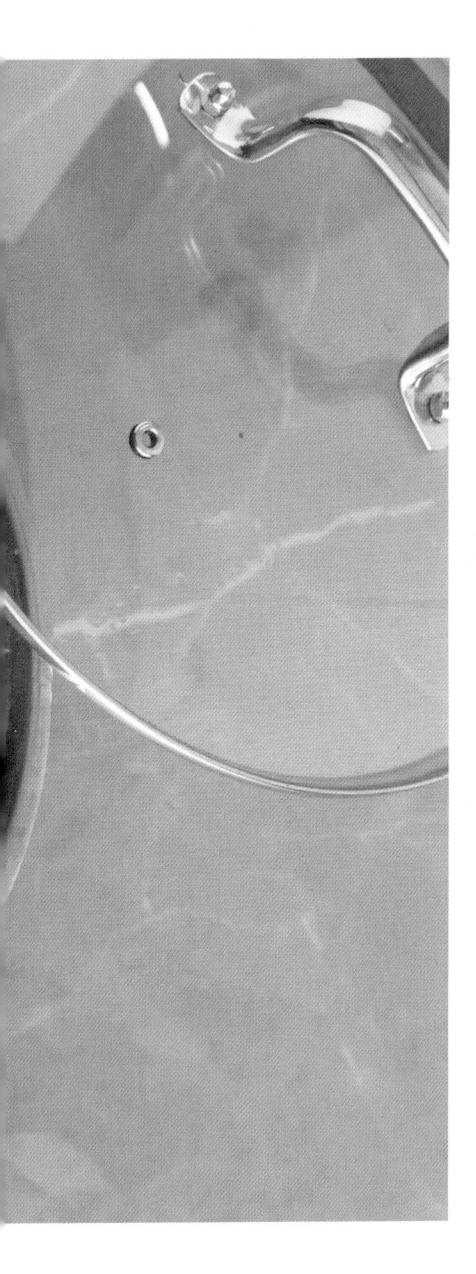

재료

숙주 200g
대패삼겹살 300g
대파 2대
양파·애호박 1/2개씩
양배추 1/4개
쪽파 10대
홍고추 2개
팽이버섯 1봉지
표고버섯 3개
맛술 2숟가락

소스

연겨자 1/2숟가락
간장·황설탕 2숟가락씩
식초 1숟가락
물 3숟가락

조리방법

1 양배추와 양파는 1cm 길이로 자른다.
2 대파는 4등분 하고, 애호박은 길쭉하게 손가락 길이로 썬다. 다른 채소들은 손질해 먹기 좋은 크기로 자른다.
3 찜통의 찜판 맨 아래에 숙주를 깔고 ①과 ②에서 준비한 재료들과 대패삼겹살을 올린 후 맛술을 고루 뿌려 10분가량 찐다.
4 분량의 재료를 섞어 소스를 만든다.
5 소스에 ③의 대패삼겹살과 채소를 듬뿍 찍어 먹는다.

2

깐풍가지

가지의 물컹한 식감이 싫다면 이 메뉴가 딱이에요! 수분이 많은 가지에 녹말가루를 묻혀 튀기듯 구워 양념하면 중화풍의 가지 요리가 탄생해요. 만들기 복잡해 보여도 한번 해보면 생각보다 간단하고 맛있어서 자꾸만 해 먹게 될 거예요.

재료

가지 2개
청·홍고추 1개씩
마늘 5쪽
녹말가루 2숟가락
소금 1/4숟가락
후춧가루 약간
식용유·참기름 적당량
고추기름 2숟가락

양념

설탕·간장·물엿·굴소스
1숟가락씩

조리 방법

1 가지는 1cm 두께로 동그랗게 썬다.
2 마늘은 편 썰고, 청·홍고추는 다진다.
3 분량의 재료를 섞어 양념을 만든다.
4 동그랗게 썬 가지는 중불로 달군 마른 프라이팬에서 뒤집어 가며 5분 정도 굽는다.
5 위생 비닐봉지에 ④의 구운 가지와 녹말가루, 소금, 후춧가루를 함께 넣은 후 흔들어 가지에 가루를 고루 묻힌다.
6 예열한 프라이팬에 식용유를 세 번 두른 후 ⑤의 가지를 올려 튀기듯 굽는다.
7 다른 프라이팬에 고추기름을 넣고 ②의 편 마늘, 청·홍고추를 넣고 볶다 ⑥의 튀긴 가지와 ③의 양념을 함께 넣고 살짝 버무린다.
8 불을 끄고 참기름을 둘러 접시에 담는다.

3 안동찜닭

닭볶음탕이 지겨울 땐 안동찜닭에 도전해 보세요. 흑설탕을 넣으면 단맛에 좀 더 깊은 맛이 생기고, 굴소스가 감칠맛을 확 올려줄 거예요. 매운 게 싫다면 청양고추를 빼고 양파를 조금 더 넣어도 좋아요.

재료

닭 1마리(닭볶음탕용, 1kg)
당면 100g
감자 1개
당근·양파 1/2개씩
대파 1대
청양고추 2개

양념

물 3컵
간장·굴소스 3숟가락씩
흑설탕 2숟가락
다진 마늘·치킨스톡·생강즙
1숟가락씩
후춧가루 적당량

조리 방법

1 닭은 흐르는 물에 씻어 불순물을 제거하고 끓는 물에 데친 다음 찬물에 헹군다.
2 당면은 물에 담가 30분 이상 불린다.
3 감자와 당근, 양파는 먹기 좋은 크기로 썬다.
4 대파와 청양고추는 송송 썬다.
5 분량의 재료를 섞어 양념을 만든다.
6 냄비에 닭과 양념, 감자, 당근, 양파, 청양고추를 넣고 졸이듯 끓이다가 당면을 넣고 더 끓여 익으면 불에서 내린다.

4

양념 가지갈비

채소 싫어하는 아이들도 잘 먹고, 만드는 재미까지 있는 가지 요리예요. 언뜻 보면 갈비 같죠? 질감과 맛도 비슷해서 다이어트할 때 도저히 못 견디겠다 싶으면 한 번씩 해 먹는 메뉴랍니다.

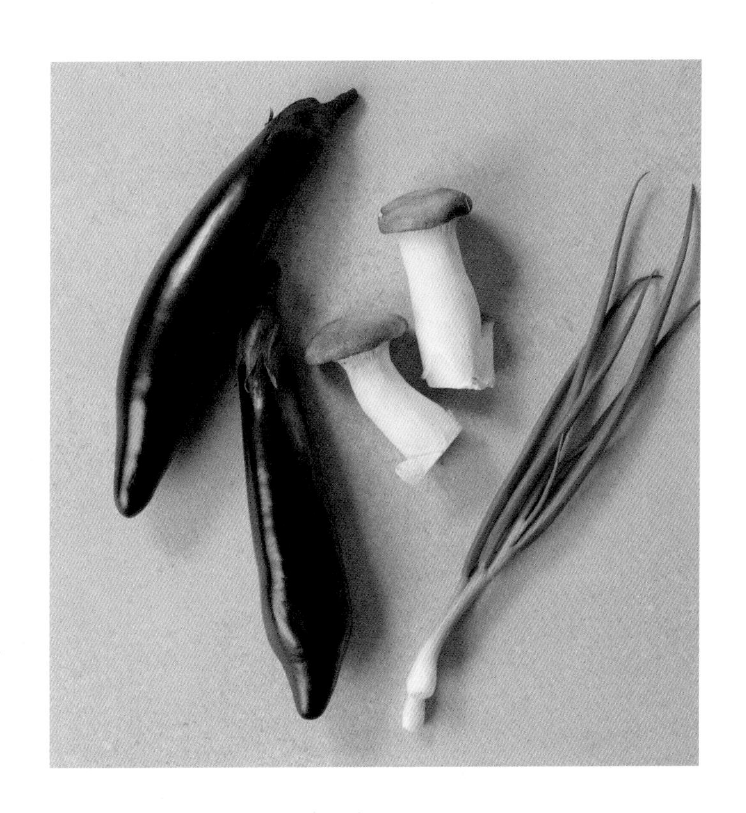

재료

가지·새송이버섯 2개씩
쪽파 2대
홍고추 1개
통깨 약간

양념

간장·물 3숟가락씩
설탕·맛술 1숟가락씩
다진 마늘 1/2숟가락
후춧가루 약간

조리 방법

1 가지는 0.5cm 두께로 길게 슬라이스 해서 한쪽 면에 격자로 칼집을 낸 뒤 전자레인지에 2분 돌린다.
2 새송이버섯은 세로로 4등분 한다.
3 홍고추는 반으로 갈라 씨를 제거한 후 다지고, 쪽파는 송송 썬다.
4 분량의 재료를 섞어 양념을 만든다.
5 새송이버섯을 뼈대 삼아 가운데 놓고 익힌 가지로 갈비 모양이 되게 돌돌 만다.
6 냄비에 ⑤의 가지 갈비와 ④의 양념을 함께 넣고 조린다.
7 접시에 완성된 양념 가지 갈비를 담고 쪽파와 홍고추, 통깨를 뿌려 장식한다.

5

찹스테이크

무조건 맛있을 수밖에 없는 양념이에요. 쇠고기를 너무 바싹 익히지 않아야 더 부드럽고 맛있어요. 스테이크 소스가 없으면 돈가스 소스로 대체해도 괜찮고, 간이 센 게 싫으면 간장은 빼도 돼요.

재료

쇠고기(스테이크용) 200g
마늘 5쪽
청·홍피망 1/2개씩
양송이버섯 3개

고기 밑간

올리브오일 1숟가락
소금 2꼬집
통후추 약간

소스

스테이크 소스 2숟가락
간장·케첩 1숟가락씩
올리고당 1/2숟가락
발사믹 식초 2/3숟가락

조리 방법

1 쇠고기는 키친타월에 올려 핏물을 빼고 큼직하게 깍둑썰기 한 후 분량의 재료로 밑간한다.
2 분량의 재료를 섞어 소스를 만든다.
3 마늘은 적당한 두께로 슬라이스 하고, 양송이버섯은 4등분 한다. 청·홍피망은 씨를 제거하고 고기와 비슷한 크기로 썬다.
4 팬에 밑간한 고기와 마늘을 함께 넣고 재료들이 익을 때까지 볶는다.
5 고기가 거의 익으면 양송이버섯, 피망, 소스를 함께 넣고 빠르게 볶는다.
6 접시에 완성된 찹스테이크를 담는다.

6

대패삼겹살 김치말이

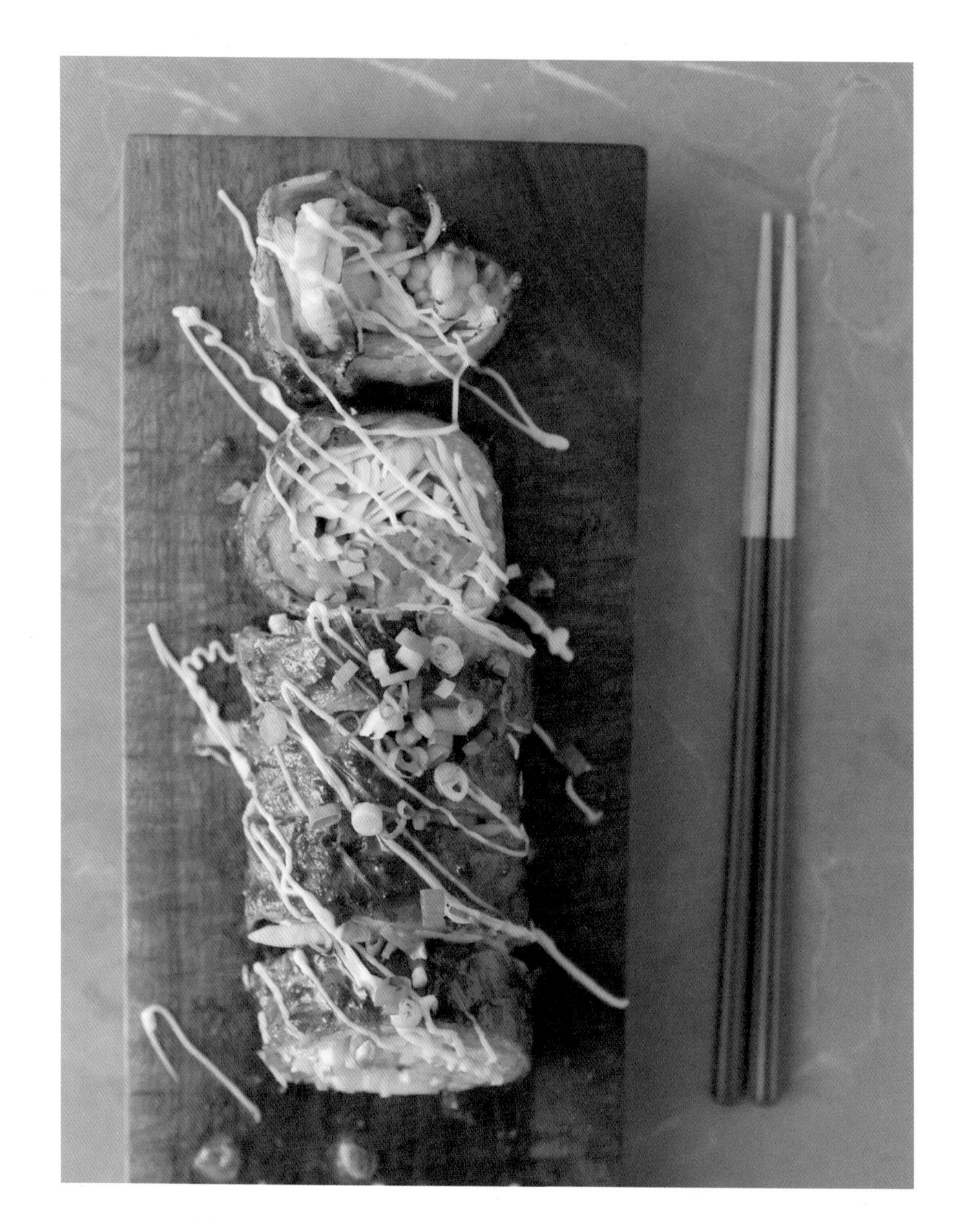

신효섭 셰프에게 배운 레시피인데요. 잎이 넓은 김치 겉잎을 사용해야 내용물이 빠져나오는 걸 막을 수 있어요. 양배추를 최대한 곱게 채 썰어 서로 잘 엉기도록 하는 것도 김치말이를 깔끔하게 싸는 비결이에요. 토치로 불 맛을 입히면 음식 색도 맛도 업된답니다.

재료

대패삼겹살 300g
양배추 1/8통
김치 400g
팽이버섯 1봉지
쪽파 3대
마요네즈 1숟가락
소금·후춧가루 약간씩
식용유 적당량

양념

고추장·맛술·진간장·황설탕
1숟가락씩
고운 고춧가루 1/2큰술
물엿 2큰술

조리 방법

1 김치는 소를 제거한 뒤 국물을 짠다.

2 팽이버섯은 밑동을 제거하고, 쪽파는 송송 썬다.

3 양배추는 채칼을 이용해 곱게 채 썬다.

4 랩으로 감싼 김발 위에 대패삼겹살을 겹쳐 깔고 소금과 후춧가루로 살짝 간을 한다. 그 위에 김치를 펼쳐 깔고 팽이버섯, 양배추를 올려 만다.

5 분량의 재료를 섞어 양념을 만든다.

6 달군 팬에 식용유를 두른 뒤 ④의 대패삼겹살김치말이를 올려 굽는다.

7 구운 대패삼겹살김치말이에 ⑤의 양념을 고루 바르고 토치로 불 맛을 낸다.

8 ⑦을 먹기 좋게 썰어 접시에 담은 뒤 마요네즈를 뿌리고 다진 쪽파를 뿌려 먹는다.

7

매운 등갈비찜

가족들이 고기 먹고 싶다고 할 때 삼겹살만 구워줬다면 매운 등갈비찜에 도전해 보세요. 맵기는 청양고추로 조절하고, 생강즙을 넣으면 고기 냄새를 잡을 수 있답니다.

재료

등갈비 1kg

양념

물 1컵
양파 1/2개
청양고추 5개
대파 1/2대
생강즙 1숟가락
쇠고기 다시다 1/2숟가락
옥주부 빨간장 5숟가락

조리 방법

1 등갈비는 물에 담가 핏물을 제거한다.

2 믹서에 양념 재료 중 물과 양파, 청양고추, 대파, 생강즙을 넣고 간다.

3 등갈비를 냄비에 담고 ②의 양념과 옥주부 빨간장, 쇠고기 다시다를 넣고 한두 번 섞어가며 조린다.

8

옥잡채

명절 때는 물론이고 냉장고에 이것저것 채소들이 애매하게 남았다 싶을 때는 잡채를 만들어보세요. 당면을 삶지 않고 바로 볶아 넣기 때문에 조금 더 손쉽게 만들 수 있어요. 양념을 만들 때 간장에 설탕이 잘 풀리도록 고루 저어주세요.

재료

당면 250g
돼지고기(잡채용) 120g
당근·양파 1/3개씩
목이버섯 2장
팽이버섯 1/2봉지
표고버섯 1~2개
노랑·빨강 파프리카 1/2개씩
시금치 50g
식용유 2숟가락

고기 밑간

소금·후춧가루 1/6작은술씩

양념

간장 8숟가락
다진 마늘 1숟가락
통깨·참기름·설탕 2숟가락씩
후춧가루 약간
물 1컵

조리 방법

1 당면은 물에 담가 1시간 30분 정도 충분히 불리고, 돼지고기는 소금, 후춧가루를 넣어 밑간한다. 목이버섯은 물에 불린 후 먹기 좋은 크기로 자른다.

2 양파·당근·파프리카는 채 썰고, 표고버섯은 모양 그대로 썬다. 팽이버섯은 밑동을 제거하고, 시금치는 물로 깨끗이 씻은 후 먹기 좋게 뿌리 부분을 잘라낸다.

3 분량의 재료를 섞어 양념을 만든다.

4 달군 팬에 식용유를 두르고 강불에서 밑간한 돼지고기를 볶는다.

5 ④의 돼지고기가 거의 익으면 양파·당근·파프리카·표고버섯·팽이버섯·목이버섯을 넣고 양념의 2/3를 부어 잘 섞어가며 볶는다.

6 ⑤에 불린 당면과 나머지 양념을 넣고 골고루 섞으면서 볶는다.

7 당면에 양념이 잘 배면 시금치를 넣고 숨이 죽을 때까지 섞어가며 볶는다.

9

미니 햄버그스테이크

햄버그스테이크는 집에서 만들었을 때 비주얼과 맛이 대폭 상승하는 대표적인 음식 같아요. 쇠고기랑 돼지고기를 섞어 만들면 가성비도 좋아요. 시판 소스도 맛있지만, 간단하게 끓이는 수제 소스로 아이들 입맛을 잡아보세요.

재료

쇠고기(다짐육)·
돼지고기(다짐육) 400g씩
버터 10g
곱게 다진 양파 1/2개 분량
식용유 적당량
달걀 4개

고기 양념

빵가루 1/2컵
케첩·소금 1숟가락씩
다진 마늘 1/2숟가락
후춧가루 1/4숟가락

소스

케첩 4숟가락
양송이 3~5개
설탕 3숟가락
버터 20g
우유(또는 물) 1/2컵

조리 방법

1 쇠고기와 돼지고기는 키친타월에 올려 핏물을 제거한다.
2 팬에 버터와 다진 양파를 넣고 갈색이 나오도록 볶은 후 식힌다.
3 분량의 재료를 섞어 고기 양념을 만든다.
4 볼에 ①의 고기와 ②의 양파, ③의 고기 양념을 넣고 빨래하듯 차지게 치댄 다음 먹기 좋은 크기로 8등분 해 동그랗게 빚는다.
5 팬에 식용유를 두르고 중불에 ④의 고기를 앞뒤로 뒤집어 가며 충분히 익힌다.
6 달걀은 프라이 한다.
7 고기를 구운 팬에서 고기를 빼고 소스 재료에서 버터와 양송이를 먼저 넣고 볶다가 나머지 소스 재료를 함께 넣고 조린다.
8 완성 접시에 고기를 담고 달걀 프라이를 얹은 후 ⑦의 소스를 뿌려 먹는다.

10

샤부샤부 배추찜

한동안 밀푀유나베가 인기를 끌었는데, 이를 좀 더 간단하게 만드는 버전이에요. 국물이 없는 요리라 소스 맛이 더 중요한데요. 동남아 음식에 잘 어울리는 매운 스리라차 소스로 만든 특제 소스와 찰떡궁합이죠.

재료

배추 4장
깻잎 10장
쇠고기(샤부샤부용) 200g

양념

다진 청양고추·홍고추·마늘 2숟가락씩
간장 6숟가락
식초 1과 1/2숟가락
스리라차 소스·설탕 1숟가락씩
참기름 1/2숟가락

조리 방법

1 배추와 깻잎은 깨끗이 씻어 채반에 밭쳐 물기를 뺀다.
2 쇠고기는 키친타월에 올려 핏물을 제거한다.
3 배추, 깻잎, 쇠고기를 순서대로 차곡차곡 쌓아 적당한 크기로 자른다.
4 ③을 찜통에 가지런히 올려 10분 정도 찐다.
5 분량의 재료를 섞어 양념을 만든다.
6 접시에 배추찜을 담은 후 양념을 찍어 먹는다.

11

김치묵사발

무더운 날, 김치 묵사발 한 그릇이면 더위쯤 거뜬히 이기게 되죠. 요즘은 시판 동치미 육수가 대체로 다 맛있어서 김치 묵사발 맛을 내기가 어렵지 않아요. 미리 동치미 육수를 살짝 얼려두고, 김 가루 뿌리는 거 잊지 마세요.

재료

도토리묵 1모
오이 1/3개
살짝 얼린 시판 동치미 육수
1봉지
송송 썬 배추김치 2~3숟가락
김 가루·통깨 적당량

조리 방법

1 도토리묵은 세로로 길게 먹기 좋은 크기로 자른다.

2 오이는 돌려 깎아 채 썬다.

3 그릇에 도토리묵을 담고 살얼음이 얼 정도로 얼려둔 시판 동치미 육수를 부은 다음 김치, 오이, 김 가루를 올리고 통깨를 뿌려 먹는다.

12

고등어김치찜

생선 요리를 할 때 비린 맛까지 잡으려면 맛술과 생강즙을 모두 사용하는 게 좋아요. 김치가 진짜 맛있게 익었다 싶을 때 도전하세요. 무조건 맛있어요! 순살 고등어로 만들면 가시 골라내는 불편함이 없는 동시에 먹는 동안 덜 지저분해져서 좋아요.

재료

뼈 없는 고등어 1마리
묵은 배추김치 1/4포기
양파 1/2개
대파 1대

양념

고춧가루·간장·멸치 액젓·맛술 2숟가락씩
된장(샘표 토장) 1/2숟가락
다진 마늘·생강즙 1숟가락씩
미원 1꼬집
물 2와 1/2컵

조리 방법

1 순살 고등어는 깨끗이 씻어 4cm 길이로 썬다.
2 배추김치는 밑동을 잘라내고 잎만 준비한다.
3 양파는 채 썰고 대파는 4cm 길이로 썬다.
4 분량의 재료를 섞어 양념을 만든다.
5 ②의 배춧잎으로 고등어 조각들을 하나씩 돌돌 만다.
6 ⑤의 고등어를 냄비에 돌려 담고 양파와 대파를 넣은 뒤 물을 붓고 양념을 올려 끓인다. 국물이 자작해지면 먹는다.

13

마라닭날개구이

인생은 마라탕을 몰랐을 때와 아는 때로 나뉜다죠? 마라탕에 빠져 있는 식구들을 위해 마라 소스로 닭날개구이를 만들어봤어요. 맵기는 취향에 따라 마라 소스의 양을 조절해서 정하세요.

재료

닭날개 1kg
소금 2꼬집
후춧가루 조금
대파 1/2대
마늘 3~5쪽
마라샹궈 소스 1봉지(110g)
올리고당 1숟가락

조리 방법

1 닭날개는 소금, 후춧가루를 뿌려 간한 다음 180℃로 예열한 에어프라이어에 10분 동안 굽고 뒤집어서 다시 10분 동안 굽는다.
2 대파는 1cm 두께로 썰고 마늘은 슬라이스 한다.
3 팬에 마라샹궈 소스와 올리고당, 편 마늘, 대파를 넣고 볶은 후 구운 닭날개를 넣고 졸이듯 섞는다.

14

삼계탕&삼계죽

복날에 삼계탕 안 끓이면 아쉽죠. 요즘엔 닭의 배 속을 채울 재료들을 일일이 다 살 필요가 없어요. 깔끔하게 손질한 삼계탕 티백이 잘 나와 있으니 활용해 보세요.

재료

닭(작은 것) 2마리
찹쌀 1컵
삼계탕 육수 팩 1개
물 넉넉히
수삼 1~2뿌리
마늘 6쪽
부추 적당량
당근 30g
양파 1/4개

조리 방법

1 찹쌀은 1시간 정도 불린다.
2 닭은 물로 깨끗이 씻은 다음 가위로 지방 부분을 잘라낸다.
3 부추는 송송 썰고 당근과 양파는 다진다.
4 닭의 배 속에 찹쌀과 마늘, 수삼을 넣고 닭의 양쪽 허벅지 부분에 엄지 한 마디 정도 구멍을 낸 후 양다리를 꼬아 각 구멍에 넣는다.
5 냄비에 닭과 물, 삼계탕 육수 팩을 넣고 1시간 이상 푹 끓인다.
6 완성된 닭은 살만 발라 먹고, 찰밥과 육수, 부추, 당근, 양파를 넣고 죽을 끓여 먹는다.

15

미나리삼겹살말이

손님 초대할 때, 크리스마스나 명절 상차림에 올리면 반응이 무척 좋은 메뉴예요. 손이 많이 갈 것처럼 보이지만 생각보다 쉬운 요리랍니다. 미나리가 쉽게 타기 때문에 너무 강불로 익히지 마세요.

재료

대패삼겹살 500g
미나리 1/2단
식용유 적당량

소스

간장·레몬즙 4숟가락씩
식초 2숟가락
고춧가루·다진 마늘 1/2숟가락씩
올리브오일·설탕 1숟가락씩

조리 방법

1 대패삼겹살은 실온에서 녹이고 미나리는 깨끗이 다듬어 씻은 후 4cm 길이로 썬다.
2 분량의 재료를 섞어 소스를 만든다.
3 대패삼겹살을 펼치고 그 위에 적당량의 미나리를 올린 후 돌돌 만다.
4 식용유를 두른 팬에서 미나리삼겹살말이를 노릇하게 익힌다.
5 소스에 찍어 먹는다.

16

닭다리삼계탕

복날 삼계탕 대신 닭다리로만 삼계탕을 끓여보세요. 처음부터 끝까지 맛있는 삼계탕이 된답니다. 좀 더 자극적인 맛이 좋다면 치킨스톡을 추가해도 돼요. 맛소금으로 간할 때는 중간에 넣으면 짜질 수 있으니까 불에서 내리기 바로 전에 간을 맞추세요.

재료

닭다리 8쪽
삼계탕 육수 팩 1개
마늘 10쪽
대추 6개
대파 1대
물 넉넉히
쇠고기 다시다 1숟가락
맛소금 적당량

조리 방법

1 닭다리는 끓는 물에 데쳐 이물질을 제거한다.
2 대파는 송송 썬다.
3 냄비에 닭다리를 넣고 닭다리가 푹 잠길 만큼 물을 넉넉히 붓는다.
4 ③에 삼계탕 육수 팩, 마늘, 대추를 넣고 중불에 40분 이상 끓이다 쇠고기 다시다를 넣는다.
5 닭다리가 익으면 대파를 넣고 살짝 더 끓인 후 맛소금으로 간한다.

17

오징어두부두루치기

오징어볶음을 두부부침 위에 얹어 먹는 요리예요. 김치두루치기도 맛있지만, 오징어로 만들면 좀 더 든든하게 먹은 기분이 들어서 다이어트할 때 즐겨 먹는데, 손님상에 내면 모두들 소주 생각나는 맛이라고 하더라고요.

재료

손질된 생오징어 1마리
두부 1모
양파 1/2개
대파 1/2대
청양고추·홍고추 1개씩
식용유 2숟가락

양념

고춧가루 2숟가락
고추장 1/2숟가락
멸치 액젓·간장·다진
마늘·설탕·통깨 1숟가락씩
쇠고기 다시다 1/3숟가락
후춧가루 적당히
물 1/2컵

조리 방법

1 손질된 오징어는 흐르는 물에 씻어 먹기 좋게 썬다.
2 두부는 1.5cm 두께로 썬다.
3 양파는 채 썰고 대파와 청양고추, 홍고추는 어슷썰기 한다.
4 분량의 재료를 섞어 양념을 만든다.
5 식용유를 두른 팬에 두부를 앞뒤로 노릇하게 부친 후 오징어·양념·양파·대파·청양고추·홍고추를 넣고 자글자글하게 끓인다.

18

미나리통새우전

명절 때 색다른 전이 없을까 생각하다 이웃에게 배운 레시피예요. 미나리를 싫어하는 아이들도 이 전에 들어 있는 미나리는 잘 먹더라고요. 통새우는 큼직한 걸 써야 부쳐냈을 때 비주얼이 먹음직스러워요.

재료

껍질 벗긴 꼬리 있는 통새우 15마리
미나리 10대
소금·후춧가루 약간씩
달걀 3개
전분 1숟가락
이쑤시개 15개
식용유 적당량

조리 방법

1 새우는 일자가 되도록 앞뒤로 칼집을 충분히 낸 뒤 소금, 후춧가루로 간한다.
2 미나리는 깨끗이 씻은 후 줄기 부분을 새우 길이만큼 자르고, 달걀은 곱게 푼다.
3 이쑤시개에 미나리 2줄 → 새우 1마리 → 미나리 2줄을 순서대로 끼운다.
4 ③의 꼬치에 전분, 달걀물을 순서대로 묻힌다.
5 프라이팬에 식용유를 두르고 ④의 꼬치를 노릇하게 부쳐 낸다.

PART 4
별미 밥

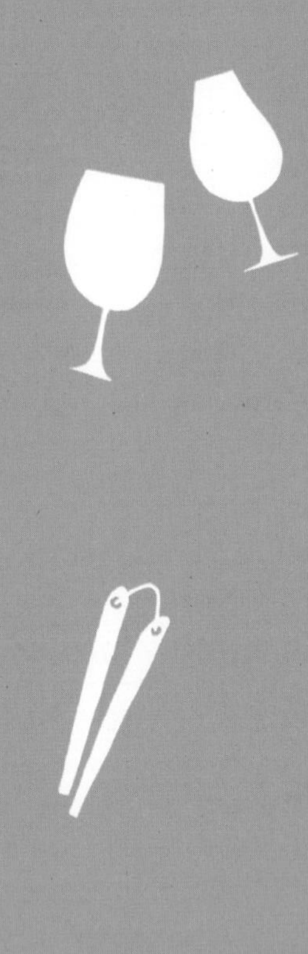

키토김밥
깍두기볶음밥
매운 어묵김밥
신라면볶음밥

꼬막덮밥
약고추장열무비빔밥
강된장머위쌈밥
초당옥수수솥밥

연어덮밥(사케동)
유부두부초밥
약밥

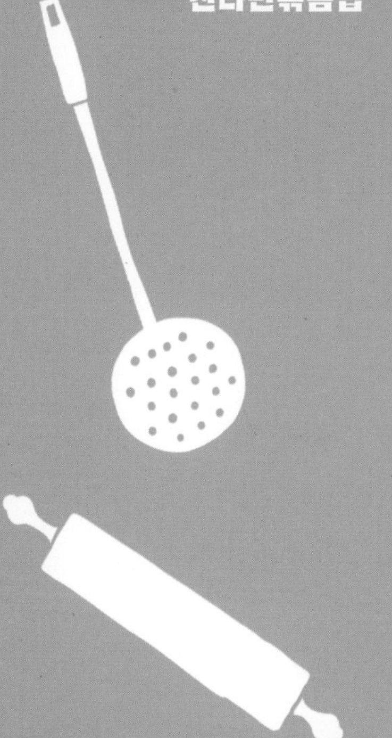

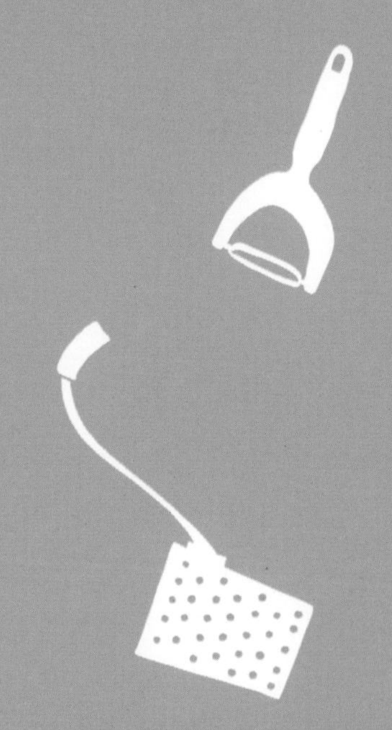

1

키토김밥

'저탄고지 다이어트'가 유행했을 때 신효섭 셰프에게 배운 메뉴예요. 처음엔 김 끝에 물 칠을 해도 김밥이 잘 터졌는데 잘 마는 법은 따로 있더라고요. 속 재료를 최대한 가늘게 채 썰어 가능한 한 많이 넣으면 서로 잘 엉겨 탄탄하게 쌀 수 있어요. 시판 닭가슴살을 손으로 가늘게 찢어 넣으면 더욱 든든한 한 끼 식사가 된답니다.

재료

김(김밥용) 2장
시금치 1/2단
당근 1개
김밥용 단무지 2줄
소금 1/2숟가락

겨자 소스

연겨자 1/2숟가락
설탕·간장·식초·물 1숟가락씩

달걀지단
(28cm 프라이팬 기준 3장)

달걀 6개
맛술 2숟가락
식용유·소금 적당량

조리 방법

1 시금치는 흙을 제거하고 소금을 넣고 끓인 물에 살짝 담가 데친 후 물기를 없앤다.
2 당근은 길고 가늘게 채 썬다.
3 달걀물을 체에 걸러 곱게 만든 다음 맛술과 소금을 넣어 간한다.
4 팬에 식용유를 두르고 키친타월로 닦은 후 ③의 달걀물을 부어 지단을 얇게 부치고 식으면 가늘게 채 썬다.
5 ②의 채 썬 당근을 달군 프라이팬에서 숨이 죽을 정도로만 살짝 볶는다.
6 김을 깔고 달걀지단과 시금치, 당근, 단무지를 넣고 돌돌 만다.
7 분량의 재료를 섞어 겨자 소스를 만들어 ⑥의 김밥을 찍어 먹는다.

2

깍두기볶음밥

닭갈비며 즉석 떡볶이며 다 먹고 나서 볶아 먹는 밥이 백미인 요리들이 많이 있잖아요. 깍두기나 총각김치가 맛있게 익었다 싶을 때 밥을 볶아 먹으면 요리만큼 맛있답니다. 참치가 메인 요리의 맛을 내주고, 김 가루를 뿌리면 짭조름하니 더욱 맛있어져요.

재료

깍두기 300g
참치 1캔(150g)
밥 2인분
식용유 2숟가락
쪽파 1대
다진 마늘 1숟가락
김 가루·식용유 적당량

양념

고추장·참기름 1숟가락씩
맛소금 1꼬집
설탕 1/2숟가락

조리 방법

1 깍두기는 굵게 다지고, 참치 캔은 체에 밭쳐 기름을 제거한다.
2 쪽파는 송송 썬다.
3 분량의 재료를 섞어 양념을 만든다.
4 팬에 식용유와 다진 마늘을 넣고 충분히 볶은 후 참치살, 깍두기를 넣고 살짝 볶는다.
5 ④에 밥과 양념을 넣고 간이 잘 배도록 볶은 뒤 김 가루와 쪽파를 얹어 낸다..

3

매운 어묵김밥

매운 어묵볶음을 해두었다가 반찬으로도 먹고, 꼬마김밥 쌀 때 소로도 사용해 보세요. 가족들이 출출하다고 할 때 뚝딱 만들어 주기도 좋은 메뉴랍니다. 길게 썰어 볶은 어묵을 깔아주면 김밥을 말기도 쉽고, 간이 딱 맞아요.

재료

사각 어묵 4장
밥 300g
김 3장
식용유·김 붙임 물 적당량

어묵 양념

고춧가루·간장·참기름 1숟가락씩
올리고당·통깨 2숟가락씩

밥 양념

설탕 1/3숟가락
참기름 2숟가락
소금 적당량

조리 방법

1 사각 어묵은 1cm 너비로 길게 썬다.
2 분량의 재료를 섞어 어묵 양념을 만든다.
3 프라이팬에 식용유를 살짝 두르고 어묵과 양념을 함께 넣고 볶는다.
4 밥에 양념 재료를 넣고 섞는다.
5 김은 십자로 잘라 4등분 한다.
6 자른 김에 양념한 밥을 깔고 매운 어묵볶음을 2줄 길게 올려 말아준 다음 김 끝부분에 물을 살짝 칠해 붙인다.

4

신라면볶음밥

컵라면으로 만든 볶음밥 레시피예요. 아마 완성된 모양만 보면 비주얼이 그럴싸해서 라면으로 만든 볶음밥이라는 걸 모를 수도 있어요. 다른 볶음밥 만들 때도 밥공기에 볶음밥을 담아 접시에 옮기면 모양이 쉽게 잡힌답니다.

재료

컵 신라면(小) 1개
밥 1공기
대파·쪽파 1/2대씩
식용유 2숟가락
달걀 1개

조리 방법

1 컵라면 통에서 면만 빼서 위생 비닐봉지에 넣고 완전히 부순 후 다시 컵라면 통에 스프, 면과 함께 넣는다.

2 ①에 면이 아주 자작하게 잠길 정도로 뜨거운 물을 부어 면을 익힌다.

3 대파와 쪽파는 송송 썬다.

4 팬에 식용유와 대파를 넣고 달달 볶은 후 ②에서 익힌 컵라면을 붓고 밥을 넣어 볶는다.

5 ④의 밥을 한쪽으로 밀어내고 남은 공간에 달걀을 풀어 스크램블한 후 볶은 밥과 섞는다.

6 컵라면 컵에 볶은 밥을 넣고 꾹꾹 누른 후 뒤집어 모양을 잡아 접시에 담고 쪽파를 뿌린다.

5

꼬막덮밥

꼬막 철이면 껍질째로 꼬막을 사다 삶아서 양념장을 올려 먹고는 했는데요. 요즘엔 손질한 꼬막 살만도 팔더라고요. 꼬막을 삶을 때는 맛술이나 소주를 함께 넣고 삶아야 비린내가 안 나요.

재료

꼬막 약 45개(또는 꼬막 살 150g)
부추 20g
밥 1공기
맛술 적당량

양념

간장 2숟가락
고춧가루·매실청·들기름
1숟가락씩
연두·설탕·다진 마늘·깨소금
1/2숟가락씩
다진 청양고추 1숟가락

조리 방법

1 냄비에 꼬막이 잠길 정도로 물을 붓고 맛술이나 소주를 함께 넣어서 비린내를 잡는다. 물이 끓어오르면서 꼬막이 입을 많이 벌리면 불을 끄고 차가운 물에 헹군 뒤 껍데기를 까고 살만 발라낸다.
2 분량의 재료를 섞어 양념을 만든다.
3 부추는 0.5cm 길이로 썬다.
4 볼에 양념과 꼬막 살을 넣고 버무린다.
5 그릇에 밥을 담고 꼬막무침을 얹은 후 부추를 듬뿍 뿌린다.

6

약고추장열무비빔밥

약고추장을 만들어 두면 여기저기 쓸모가 많아요. 비빔밥 종류에는 전부 어울리죠. 다른 재료 준비 없이도 밥과 함께 주재료 넣고 약고추장만 얹으면 끝.

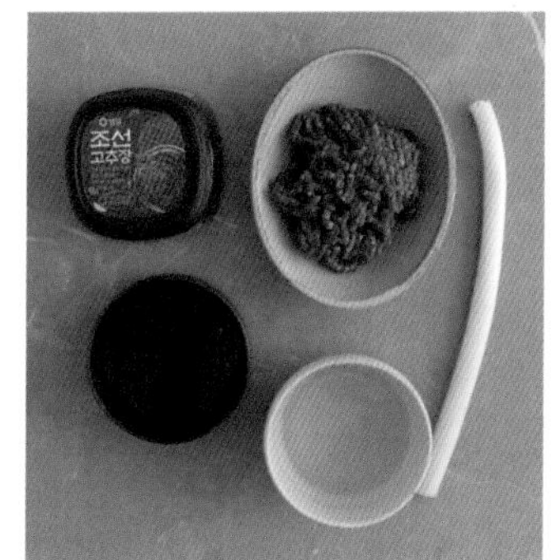

약고추장

재료

다진 쇠고기 150g
고추장 500g
대파 1/2대
맛술·호두 1/2컵씩
양조간장 1큰술
후춧가루 약간
식용유·참기름 2큰술씩
꿀 3큰술

조리 방법

1 대파와 호두는 잘게 다진다.
2 달군 팬에 식용유를 두르고 다진 대파를 볶아 파기름을 낸 다음 다진 쇠고기, 양조간장, 후춧가루를 넣고 고기를 잘게 부숴가며 익힌다.
3 ②에 고추장, 맛술을 넣고 섞어 약불에서 바글바글 끓으면 불을 끈다.
4 ③에 다진 호두, 꿀, 참기름을 넣고 잘 섞어 냉장 보관한다.

재료

밥·열무김치·각종 쌈 채소·참기름·통깨 적당량

양념

약고추장 적당량

조리 방법

1 열무김치나 각종 쌈 채소는 먹기 좋은 크기로 채 썬다.
2 그릇에 밥을 담고 그 위에 열무김치, 쌈 채소를 올린 후 약고추장을 얹고 참기름, 통깨를 뿌려 비벼 먹는다.

7

강된장머위쌈밥

쌈밥을 만들 때 초밥처럼 쌈밥 안에 쌈장을 넣는 게 보통인데, 강된장을 만들어 접시에 깔고 그 위에 쌈밥을 올리면 플레이팅도 예쁘고, 입맛대로 쌈장 양을 조절할 수 있어 좋아요.

재료

머위 200g
밥 적당량

양념

다담 강된장 소스 1봉지
돼지고기(간 것) 150g
청양고추 2개
식용유 1숟가락
맛술 2숟가락
다진 마늘 1/2숟가락
물 5숟가락

조리 방법

1 머위는 줄기 부분을 자른 후 잎 부분만 끓는 물에 살짝 데친 다음 찬물에 헹궈 물기를 꽉 짠다.
2 청양고추는 송송 썬다.
3 팬에 식용유와 돼지고기, 맛술, 다진 마늘을 넣고 고기가 익을 때까지 볶은 후 강된장 소스와 청양고추, 물을 넣고 끓인다.
4 한입 크기의 밥을 동그랗게 만들어 머위로 감싼다.
5 그릇에 강된장을 깔고, 그 위에 머위 쌈밥을 담아 같이 먹는다.

8

초당옥수수솥밥

초당옥수수가 제철인 초여름에 특별한 솥밥을 만들어보세요. 자연의 단맛이 주는 행복함에 푹 빠질 거예요. 솥뚜껑을 여는 순간 옥수수의 노란 색감이 눈길을 사로잡기에 손님 접대용으로도 좋아요.

재료

초당옥수수 1개(알맹이 양으로 1컵)
흰쌀·물 2컵씩
버터 1조각
옥주부 맛간장 적당량
쪽파 2대

조리 방법

1 흰쌀은 깨끗이 씻어 냄비에 물과 함께 넣고 그대로 불린다.
2 쪽파는 송송 썬다.
3 옥수수는 알맹이를 떼어내고 심지는 따로 둔다.
4 ①의 쌀 위에 옥수수 알맹이와 옥수수 심지를 올린 뒤 불에 올려 밥을 한다.
5 완성 그릇에 옥수수밥을 담고 버터와 쪽파를 올리고 옥주부 맛간장에 비벼 먹는다.

9

연어덮밥(사케동)

연어덮밥처럼 만들기 쉬우면서도 폼 나는 요리가 또 있을까요? 연어 올리고 시판 계란간장 뿌려 먹으면 끝!

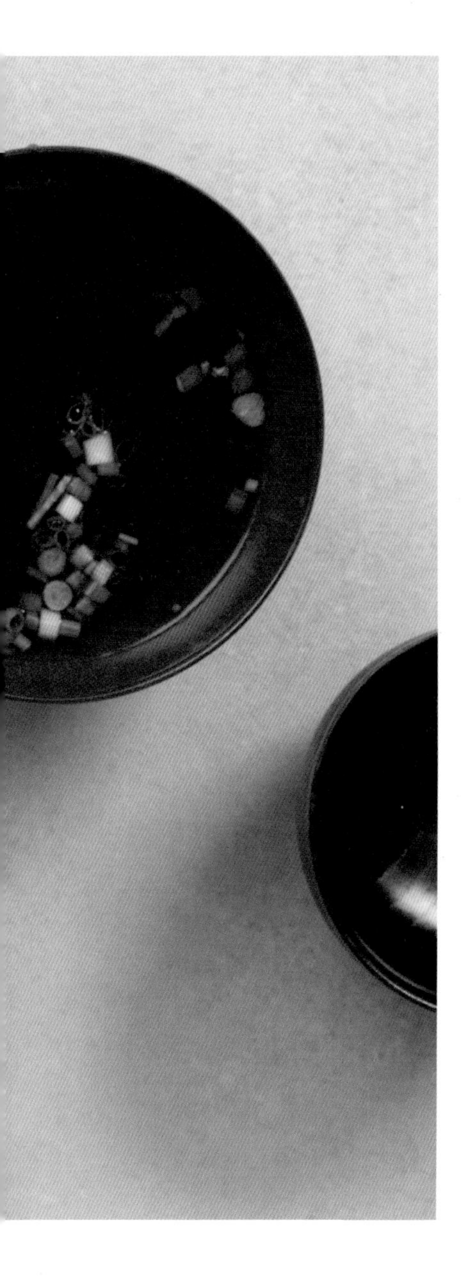

재료

생연어 150g
밥 2/3공기
고추냉이 약간
샘표 계란간장 적당량

토핑용 재료

락교·무순·레몬 약간씩
양파 1/5개

조리 방법

1 토핑용 양파는 가늘게 채 썬 후 찬물에 담가 아린 맛을 뺀다.

2 무순은 흐르는 물에 씻는다.

3 생연어는 슬라이스 한 것으로 구입하거나 덩어리인 경우 먹기 좋은 크기로 슬라이스 한다.

4 그릇에 밥을 담고 연어를 올린 후 채 썬 양파, 무순, 락교, 레몬 등으로 장식한다. 기호대로 고추냉이, 계란간장을 넣어 비벼 먹는다.

10

유부두부초밥

밥 대신 두부를 먹으며 다이어트를 해 체중 감량을 많이 했어요. 유부초밥을 두부로 만들면 칼로리가 확 떨어지겠다는 생각이 들어 만들어본 요리인데 의외로 맛이 훌륭해 자주 해서 먹게 됐어요. 보통 마트에 파는 유부초밥 키트를 사다가 밥만 두부로 바꾸면 되는 초간단 메뉴예요.

재료

두부 300g 1개
유부 180~200g
유부초밥 소스 1봉
꼬들 단무지 20g

조리 방법

1 두부는 면포에 넣어 물기를 꼭 짠다.
2 꼬들 단무지는 곱게 다진다.
3 볼에 두부와 유부초밥 소스를 넣고 버무린 후 적당량을 덜어 유부 속을 채운다.
4 접시에 담고 초밥 위에 다진 꼬들 단무지를 조금씩 올려 먹는다.

11 약밥

명절 때 약밥을 해서 드리면 어르신들이 그렇게 좋아하실 수가 없어요. 평소에도 만들어 소분한 후 냉동실에 얼려두는데 출출할 때 꺼내서 전자레인지에 돌려 먹으면 든든한 한 끼 대용으로 손색없어요. 흑설탕을 넣으면 좀 더 끈기가 생겨요.

재료

찹쌀 3컵
물 2와 1/2컵
대추 6알
깐 밤 10알
건포도(또는 크랜베리) 2숟가락

양념

간장 4숟가락
흑설탕 1컵
소금· 계핏가루 1/3숟가락씩

조리 방법

1 찹쌀은 깨끗이 씻어 물을 넉넉히 넣고 30분 정도 불린 후 채반에 밭쳐 물기를 뺀다.
2 대추는 돌려 깎아 씨를 제거한 후 돌돌 말아 썬다.
3 깐 밤은 2등분 하고 건포도는 그대로 사용한다.
4 분량의 재료를 섞어 양념을 만든다.
5 전기 압력밥솥에 불린 찹쌀과 물을 붓고 ④의 양념을 함께 넣어 잘 섞은 후 백미 취사 모드로 밥을 한다.
6 약밥이 완성되면 잘 섞어준다.

PART 5
면 요리

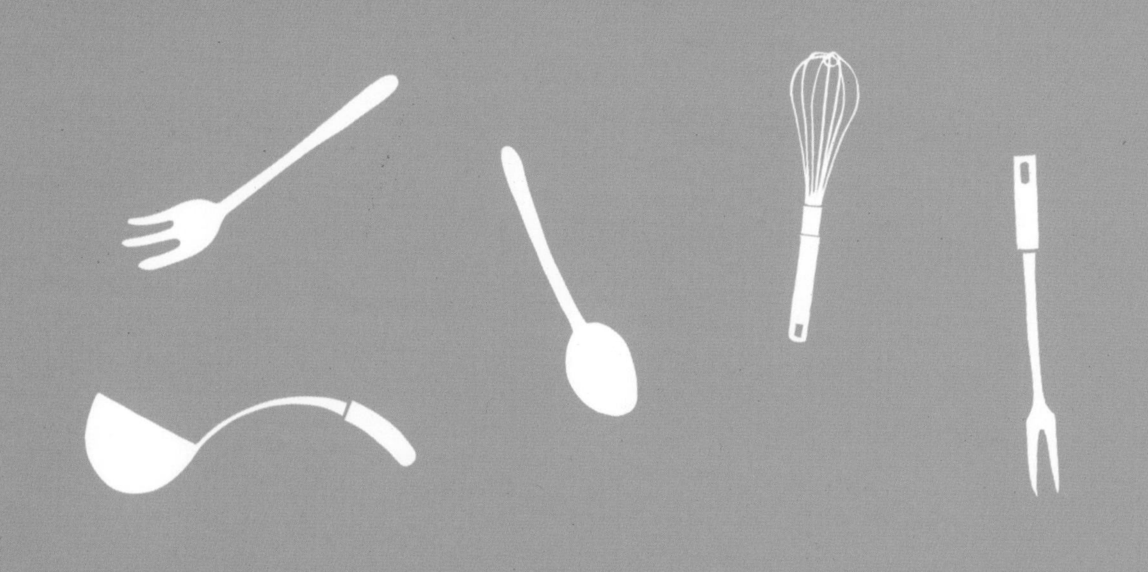

옥황제 사골라면

베트남쌀국수

라면 투움바 파스타

새우튀김 냉우동

짜파구리

문어칼비빔

우삼겹비빔국수

물쫄면

콩국수

돌문어간장국수

냉메밀국수

쫄면

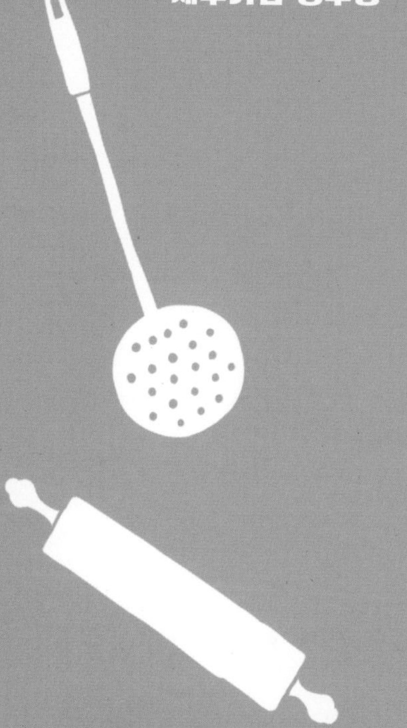

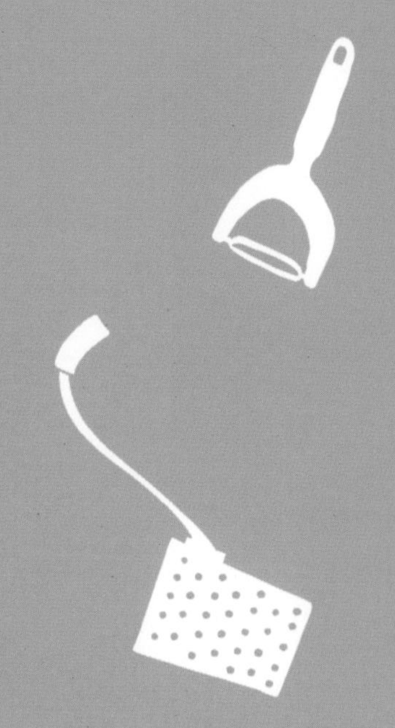

1

옥황제 사골라면

시판 사골 육수에 라면을 넣어 끓이면 그야말로 진국에, 그럴싸한 요리가 됩니다.
면이 퍼지지 않도록 절대로 2분 이상 끓이지 마세요.

재료

진라면 2봉지
옥주부 대관령 한우사골 고기곰탕 1봉지
고춧가루 1/3숟가락
다진 마늘·새우젓 1/4숟가락씩
대파 1/3대
물 300ml
식용유 적당량

조리 방법

1 대파는 송송 썬다.
2 냄비에 식용유를 두르고 다진 마늘, 대파, 새우젓, 고춧가루를 넣고 약한 불에서 10초 정도 아주 빠르게 볶는다.
3 ②에 사골 육수와 물을 붓고 강한 불로 끓이다가 팔팔 끓으면 면과 라면 스프를 넣고 2분 후 불에서 내린다.

2

베트남쌀국수

사골 육수랑 시판 소스만 있으면 쌀국숫집에 안 가도 편하게 집에서 쌀국수 맛을 낼 수 있어요. 차돌박이, 양지, 새우 등 어울리는 재료를 데쳐서 올려주면 비주얼까지 완벽해져요.

재료

쌀국수 면 1인분
옥주부 대관령 한우 사골곰탕 1봉지
쌀국수 소스 6숟가락
양파 1/2개
숙주 100g
고수·라임 적당량

조리 방법

1 냄비에 사골 육수와 쌀국수 소스를 함께 넣고 끓인다.
2 양파는 반으로 잘라 채 썬다.
3 숙주와 고수는 깨끗이 씻어 그대로 준비하고 라임은 원형으로 슬라이스 한다.
4 쌀국수 면은 7~10분 정도 삶는다.
5 그릇에 면과 육수를 담고 양파, 숙주, 고수, 라임을 올린다.

3

라면 투움바 파스타

들어가는 재료가 많아 보이지만 알고 보면 쉽게 구할 수 있는 재료들이에요. 파스타 면 삶기 귀찮다, 면발이 좀 더 야들야들했으면 좋겠다고 생각하는 분들에게 딱인 메뉴죠. 파르메산 치즈는 피자 배달시켜 먹고 남은 거 활용하세요.

재료

라면 1봉지
새우 50g
베이컨 2줄
양파 1/3개
양송이 1개
체더치즈 1장
생크림·우유 1컵씩
파르메산 치즈 가루·다진
마늘·고춧가루 1숟가락씩
소금 2꼬집
후춧가루·파슬리 가루 약간씩
버터 10g

조리 방법

1 라면은 면만 삶아 준비한다.

2 새우는 깨끗이 씻은 다음 고춧가루를 넣어 섞는다.

3 베이컨은 먹기 좋은 크기로 썰고, 양파는 깍둑썰기 한다. 양송이는 모양 그대로 썬다.

4 예열한 프라이팬에 버터를 녹이고 다진 마늘을 볶아 향이 올라오면 새우, 베이컨, 양파, 양송이를 넣고 볶는다.

5 ④에 생크림과 우유, 파르메산 치즈 가루를 넣고 끓어오르면 ①의 라면을 넣은 후 소금과 후춧가루로 간한다.

6 완성된 파스타를 접시에 담고 체더치즈를 올린 후 파슬리 가루를 뿌린다.

4

새우튀김 냉우동

차가운 우동에 따끈한 새우튀김을 올리면 훌륭한 일식 요리가 완성됩니다. 더운 여름날에 어울리는 음식이니만큼 새우튀김은 기름에 튀기지 말고 에어프라이어를 이용하거나 분식집에서 사다가 만들기를 추천해요!

재료

우동 면 2인분
냉동 새우튀김 4마리
쪽파 4대
고추냉이·간 무 적당량

우동 육수

쓰유(한라식품 쯔유) 14숟가락
물 4컵
설탕 2숟가락

조리 방법

1 전날 분량의 재료를 섞어 끓여 우동 육수를 만들어 냉장고에 넣어둔다.
2 우동 면은 끓는 물에 삶은 후 찬물에 헹군다.
3 냉동 새우튀김은 180℃로 예열한 에어프라이어나 식용유에 튀긴다.
4 쪽파는 송송 썬다.
5 그릇에 우동 면을 담고 ①에서 준비한 차가운 육수를 부은 후 새우튀김과 고추냉이, 쪽파와 간 무를 올려 먹는다.

5

짜파구리

주말에 만들어 먹기 좋은 메뉴예요. 약간의 재료를 더하면 유명한 중국집 간짜장처럼 순식간에 변신해요. 면수를 받아 두었다 부으면 라면 특유의 맛이 나서 더 맛있어요.

재료

짜파게티 라면 1봉지
너구리 라면 1봉지
돼지고기(목살) 130g
깐 새우 80g
대파 1/2대
양파 1/4개
마늘 2쪽
양배추 30g
고추기름 3숟가락

조리 방법

1 깐 새우는 찬물로 살짝 헹구고, 돼지고기와 양파는 깍둑썰기 한다.
2 대파는 길게 어슷썰기 하고, 양배추는 2cm 너비로 굵게 채 썰고, 마늘은 슬라이스 한다.
3 팬에 고추기름을 두르고 마늘과 고기, 새우를 넣고 재료가 익을 때까지 볶는다.
4 라면은 끓는 물에 면과 건더기 스프를 넣고 80% 정도 익을 때까지 삶은 후 건진다. 면수는 버리지 않고 둔다.
5 ③에 양파와 양배추, 대파, 삶은 라면과 라면 스프(짜파게티, 너구리), 면수 100ml를 넣어 볶는다.

6

문어칼비빔

요즘은 익혀서 파는 자숙 문어를 쉽게 살 수 있는데요. 얇게 슬라이스 한 문어만으로도 비주얼이 근사해요.

재료

칼국수 면 2인분
깻잎 12장
삶은 문어 적당량

양념

옥주부 빨간장·식초 4숟가락씩
설탕 1숟가락
들기름 2숟가락

조리 방법

1 칼국수 면은 끓는 물에 삶아 찬물에 헹군다.
2 삶은 문어는 얇게 썬다.
3 깻잎은 깨끗이 씻어 가늘게 채 썬다.
4 분량의 재료를 섞어 양념을 만든다.
5 볼에 칼국수 면과 양념을 넣고 잘 비빈 후 완성 접시에 담아 채 썬 깻잎과 문어를 올린다.

7 우삼겹비빔국수

입맛 없을 때 비빔국수 한 그릇이면 언제 그랬냐는 듯 식욕이 되돌아오곤 하죠. 김치 넣은 비빔국수도 맛있지만, 옥주부 우삼겹이나 차돌박이를 얹어 함께 먹으면 더욱 맛있답니다.

재료

익은 배추김치·중면 200g씩
옥주부 우삼겹 1봉지(또는 차돌박이 200g, 약 20장)
삶은 달걀 1개
오이 2/3개
참기름 2숟가락
통깨 적당량

양념

고추장·사과 식초·맛술·설탕 2숟가락씩
진간장·물엿·다진 마늘·다진 청양고추 1숟가락씩

조리 방법

1 배추김치는 헹구지 않고 그대로 송송 썬다.
2 삶은 달걀은 반으로 자르고, 오이는 2등분 해 돌려 깎아 채 썬다.
3 중면은 끓는 물에 8분 정도 삶아 찬물에 바락바락 씻어 채반에 밭쳐 물기를 뺀다.
4 분량의 재료를 섞어 양념을 만든다.
5 옥주부 우삼겹(또는 차돌박이)을 프라이팬에 굽는다.
6 볼에 삶은 국수와 양념을 넣고 잘 버무린 후 완성 그릇에 담는다.
7 ⑥의 비빔국수 위에 오이와 김치, 고기, 달걀을 올린 후 참기름과 통깨를 뿌려 먹는다.

8

물쫄면

물쫄면은 여름엔 차갑게, 겨울엔 뜨겁게 먹을 수 있어 매력적인 메뉴죠. 차갑게 먹을 때는 숙주를 아삭거릴 정도로 살짝만 따로 삶아 찬물에 헹궈 곁들이세요.

재료

쫄면 400g
쇠고기(간 것) 80g
숙주 300g
쑥갓·쪽파 2대씩
메추리알 2개
식용유·김 가루·후춧가루 적당량
옥주부 빨간장 1숟가락

육수

쓰유 2컵
물 8컵

조리 방법

1 간 쇠고기는 식용유를 살짝 두른 프라이팬에 넣고 후춧가루를 뿌려가며 볶는다.
2 쪽파는 송송 썬다.
3 쑥갓은 깨끗이 씻어 적당한 길이로 썰고, 메추리알은 끓는 물에 삶는다.
4 쫄면은 끓는 물에 3~4분 정도 삶아 찬물에 헹군다.
5 냄비에 육수 재료를 넣고 끓인다.
6 ⑤의 육수에 숙주를 넣고 2분 정도 더 끓인다.
7 그릇에 쫄면을 담은 후 육수를 붓고 볶은 쇠고기, 쪽파, 쑥갓, 김 가루, 메추리알, 숙주를 보기 좋게 올린다. 맨 위에 옥주부 빨간장을 뿌려 섞어 먹는다.

9

콩국수

더운 여름에 콩국수 안 먹으면 아쉽죠. 간은 소금으로 해도, 설탕으로 해도 다 괜찮은데 설탕을 너무 많이 넣으면 맛이 별로예요. 얼음을 넣으면 시원하지만 녹으면서 국물이 싱거워지니까 콩국 자체를 차갑게 만들었다 먹는 걸 추천합니다.

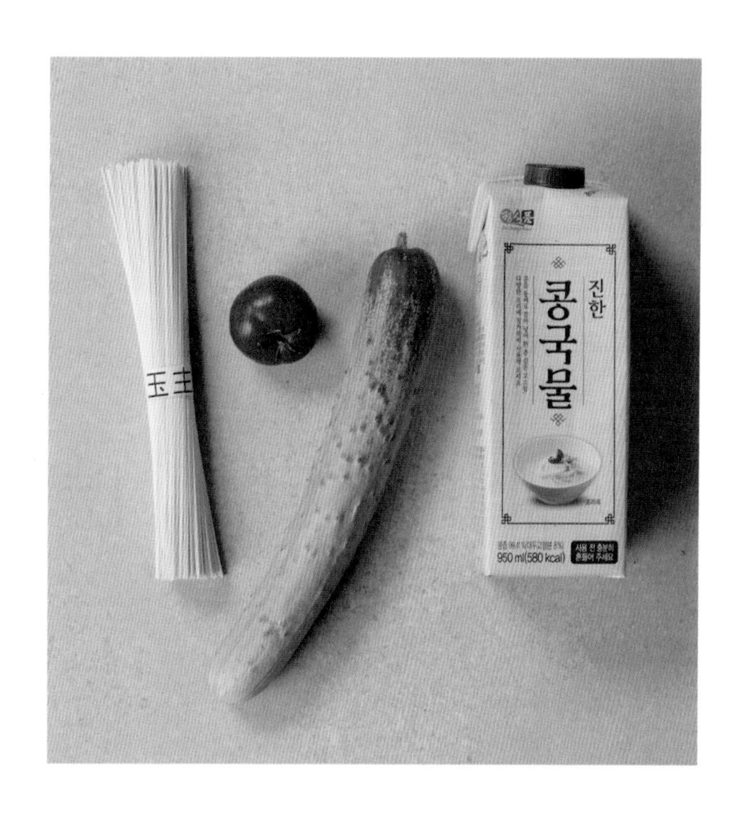

재료

중면 200g
시판 콩국 600ml
미숫가루 3~4숟가락
오이·토마토 1/2개씩
소금(또는 설탕) 적당량

조리 방법

1 오이는 돌려 깎은 후 채 썬다.

2 토마토는 도톰하게 슬라이스 한다.

3 중면은 끓는 물에 8분 정도 삶은 후 찬물로 바락바락 씻어 그릇에 담는다.

4 ③에 시판 콩국을 붓고 미숫가루를 뿌린 후 채 썬 오이와 토마토를 곁들인다.

5 소금이나 설탕으로 간을 해서 먹는다.

10

돌문어간장국수

자숙 돌문어를 올린 간장국수는 시원하게 먹을수록 더 맛있어요. 간장 양념은 여러 해산물과 잘 어울리는 맛인데, 너무 크지 않은 낙지와도 잘 어울린답니다. 돌문어는 삶아서 슬라이스 해 파는 시판 제품을 사용하세요. 맛도 모양도 좋아요.

재료

자숙 돌문어 적당량
오이 30g
쑥갓·미나리 20g씩
소면 200g(2인분)

양념

간장 4숟가락
올리고당·깨소금 2숟가락씩
다진 마늘·식초·참기름 1숟가락씩

조리 방법

1 오이는 채 썰고, 쑥갓과 미나리는 깨끗이 씻어 4cm 길이로 썬다.

2 분량의 재료를 섞어 양념을 만든다.

3 소면은 삶아 그릇에 담고 오이와 쑥갓, 미나리, 돌문어를 올린 후 양념을 뿌려 비벼 먹는다.

11

냉메밀국수

한여름에 메밀국수 한 그릇이면 더위가 물러가잖아요. 쓰유를 살짝 얼렸다가 사용하면 더 시원해요. 차가운 쓰유에 면을 담갔다 건져 먹어도 되지만 저는 한 번에 담아내는 게 간이 더 잘 맞는 것 같아서 선호해요.

재료

메밀면 2인분
쪽파 2대
무 200g
고추냉이·김 가루 약간씩

육수

물 4컵
쓰유(한라식품 쯔유) 14숟가락
설탕 2숟가락

조리 방법

1 쪽파는 송송 썰고 무는 강판에 간다.
2 분량의 재료를 섞어 육수를 만든 후 냉장고에 넣어둔다.
3 끓는 물에 메밀면을 삶아 찬물에 여러 번 헹궈 전분기를 뺀다.
4 그릇에 면을 담고 육수를 부은 후 간 무와 쪽파를 올리고 고추냉이와 김 가루를 곁들여 먹는다.

12

쫄면

분식집의 인기 메뉴인 쫄면에는 콩나물이 들어가야 제맛이죠. 쫄면은 삶은 뒤 찬 물에 바락바락 여러 번 씻어야 면발이 쫄깃하고, 시판 면 특유의 냄새가 가셔서 맛있답니다.

재료

쫄면 200g
콩나물 50g
당근·양배추·오이 20g씩
삶은 달걀 1개

양념

고추장 1과 1/2숟가락
다진 마늘·고춧가루 1/2숟가락씩
설탕·식초 2숟가락씩
물엿·간장 1숟가락씩
소금·미원 2꼬집씩

조리 방법

1 쫄면은 손바닥으로 비벼 잘 풀어서 찬물에 잠깐 담가 엉키지 않도록 한다. 끓는 물에 3분 정도 삶아 흐르는 물에 씻어 채반에 밭쳐 물기를 뺀다.
2 콩나물은 깨끗이 씻어 살짝 데치고, 당근과 양배추는 가늘게 채 썬다.
3 오이는 돌려 깎아 채 썬다.
4 분량의 재료를 섞어 양념을 만든다.
5 접시에 쫄면을 담고 채소들을 올린 다음 양념을 붓고 삶은 달걀을 반으로 잘라 올린다.

PART 6
간식&야식

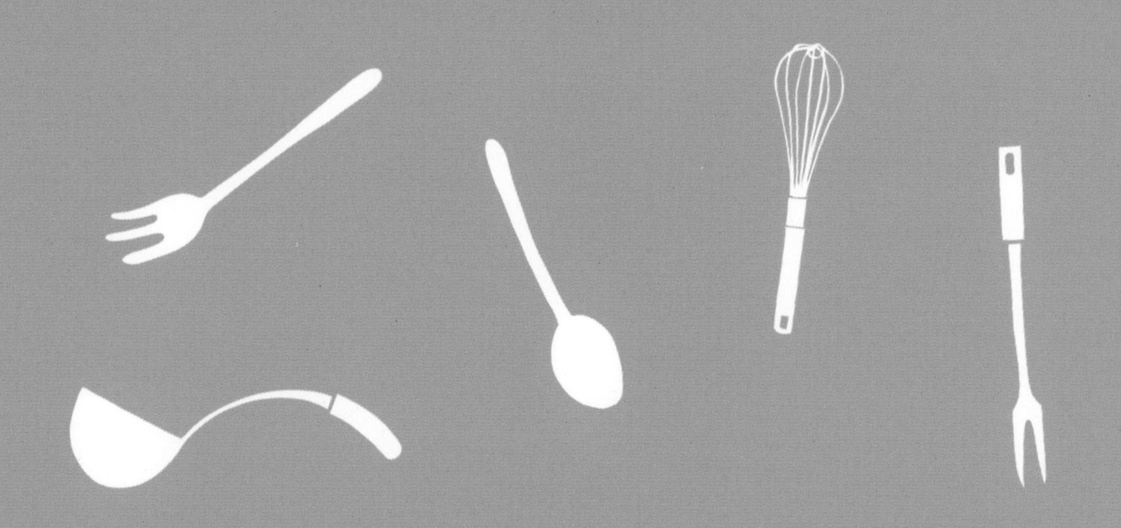

가지 핑거스틱
닭꼬치
당근 라페
당근 라페 샐러드
교촌풍 닭봉간장조림
빨간 떡어묵
타바스코치킨

포테이토소시지부침
순대볶음
갈릭쉬림프
두유크림떡볶이
콘치즈
오징어부추전
떡꼬치

치킨샐러드
김치부침개
단호박크림떡볶이
무화과치즈샐러드
팥빙수
수박화채

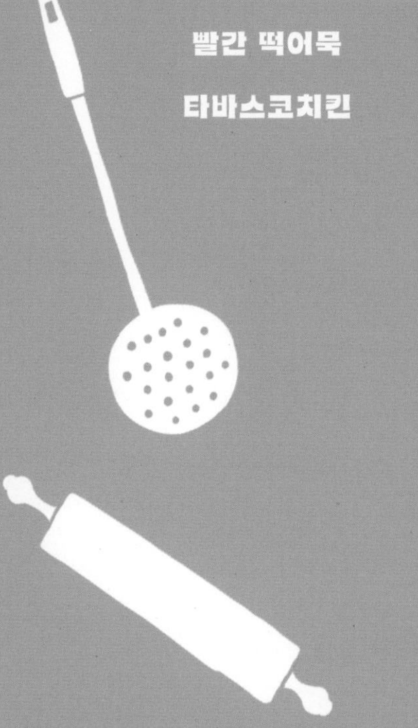

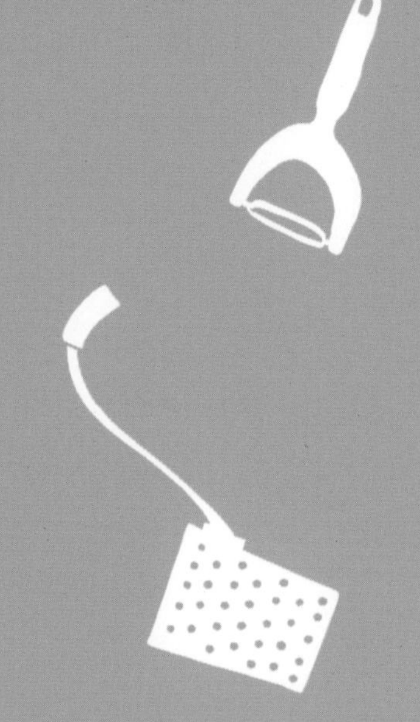

1

가지 핑거스틱

바삭한 식감에 고소한 맛, 한 번 먹기 시작하면 자꾸만 손이 가는 메뉴랍니다. 가지가 이런 맛이었나 생각하게 될 만큼 예상치 못한 맛이라니까요! 반죽을 얼음물로 해서 튀기면 더 바삭해요. 갑자기 손님이 찾아왔을 때 술안주로도 그만이지요.

재료

가지 2개
전분 2숟가락
꽃소금 3꼬집
빵가루 1/2컵
식용유 넉넉히
칠리소스 적당량
파슬리 가루 조금

튀김 반죽

튀김가루·얼음을 건져낸 얼음물 1컵씩

조리 방법

1 가지는 스틱 모양으로 길게 썬다.
2 위생 비닐봉지에 꽃소금과 전분, 길게 썬 가지를 함께 넣고 흔들어 섞는다.
3 분량의 재료를 섞어 튀김 반죽을 만든다.
4 가지에 튀김 반죽을 입힌 후 빵가루에 굴린다.
5 180℃로 예열한 식용유에 빵가루를 묻힌 가지를 넣고 튀긴다.
6 완성 접시에 담고 파슬리 가루를 솔솔 뿌려 칠리소스를 찍어 먹는다.

2

닭꼬치

닭꼬치는 간장 또는 데리야키 소스 베이스로 만들어도 맛있는데 저는 최대한 시판 닭꼬치 맛을 내기 위해 새콤한 우스터소스를 넣어요. 시판 우스터소스에는 캐러멜이 들어 있어서 닭꼬치 색도 예쁘게 완성된답니다.

재료

닭다리 살 400g
대파 2대
식용유·소금·후춧가루 적당량
꼬치 막대

양념

우스터소스·설탕 1숟가락씩
간장·맛술 2숟가락씩
생강즙 1/2 숟가락

조리 방법

1 대파는 4cm 길이로 썬다.
2 닭다리 살은 흐르는 물에 씻어 대파보다 조금 큰 크기로 자른 후 소금, 후춧가루로 간한다.
3 분량의 재료를 섞어 양념을 만든다.
4 꼬치에 닭다리 살과 대파를 번갈아 꽂는다.
5 식용유를 두른 팬에 닭꼬치를 앞뒤로 살짝 구운 다음 ③의 양념을 부어 색이 날 때까지 조린다.

3 당근 라페

집에서 샐러드를 만들면 잘 안 먹게 되는데 핫 플레이스에 가면 샐러드가 왜 이리 맛날까요? 식욕 좀 진정시킬 겸 맛난 샐러드 레시피 하나 드릴게요. 당근 라페를 기본으로 만들어두고 샐러드 채소들에 얹어 먹으면 맛과 비주얼 두 마리 토끼를 다 잡을 수 있어요!

재료

당근 2개(300g)
소금 1/2숟가락(5g)

양념

올리브오일 3숟가락
레몬즙(또는 식초)·홀그레인
머스터드 2숟가락씩
설탕 1숟가락
통후추 적당량

조리 방법

1 당근은 깨끗이 씻어 가늘고 길게 채 썬다. 채칼을 사용할 땐 당근 1개 길이만큼 길게 잡고 썬다. 특히 손 다치지 않게 조심!
2 당근 채를 볼에 담고 소금을 넣어 섞은 뒤 10분 정도 살짝 절인 다음 꼭 짠다.
3 분량의 재료를 섞어 양념을 만든다.
4 ②의 당근 절임에 ③의 양념을 넣고 버무린다.
5 밀폐 용기에 ④의 당근 라페를 담아 냉장고에 넣어 숙성시켜 1~2일 뒤에 먹는다.

4

당근 라페 샐러드

각종 샐러드에 당근 라페만 하나 얹으면 색다른 느낌이 난답니다. 치킨을 넣으면 치킨 당근 라페 샐러드, 쇠고기 구운 걸 넣으면 비프 당근 라페 샐러드가 되는 거예요.

재료

당근 라페 적당량
로메인 3~4장
새우(중간 크기) 5마리
방울토마토 6알
리코타 치즈 2숟가락
올리브오일·소금·후춧가루(새우구이용) 약간씩

드레싱

올리브오일·화이트 비니거 2숟가락씩
올리고당 1숟가락

조리 방법

1 로메인은 씻은 후 먹기 좋은 크기로 자른다.
2 방울토마토는 씻어서 꼭지를 떼고 반으로 자른다.
3 새우는 올리브오일을 두른 팬에 소금, 후춧가루를 살짝 뿌려 굽는다.
4 분량의 재료를 섞어 드레싱을 만든다.
5 접시에 로메인, 방울토마토를 담고 구운 새우, 당근 라페, 리코타 치즈를 올린다.
6 먹기 직전에 드레싱을 뿌려 먹는다.

5

교촌풍 닭봉간장조림

교촌치킨이 처음 나왔을 때 간장 베이스 치킨이 너무 맛있어서 깜짝 놀랐어요. 계핏가루를 넣으면 비슷한 맛을 낼 수 있어요. 냉동실에 한참 두었던 닭봉이라면 우유에 담갔다가 사용하면 냄새가 안 나요.

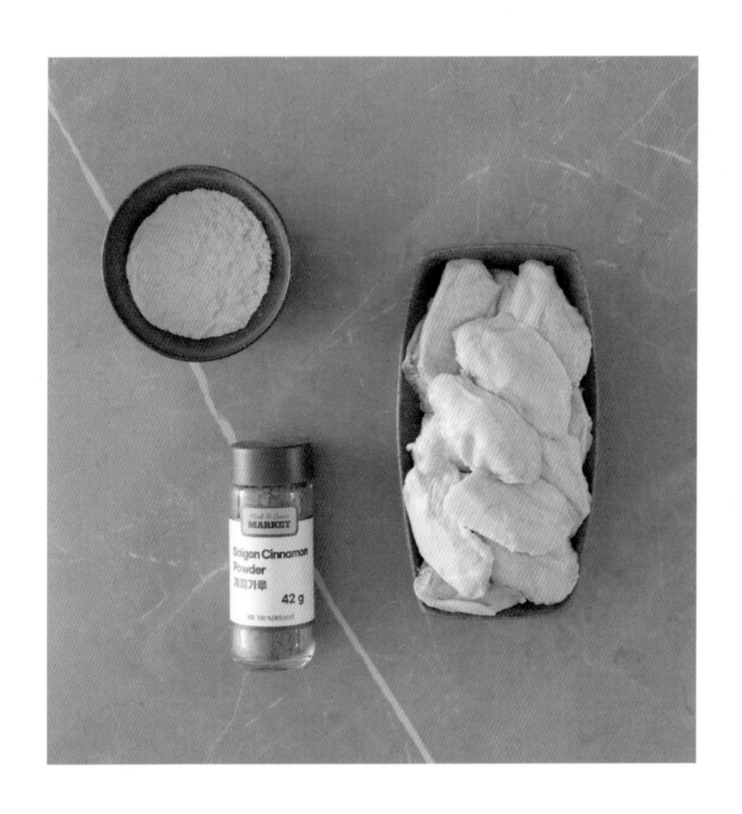

재료

닭봉(닭 윗날개) 500g(약 14개)
밀가루 3숟가락
식용유 2컵
소금 1/2숟가락
후춧가루 조금
청·홍고추 1개씩

양념

간장 4큰술
설탕·맛술 3숟가락씩
다진 마늘 2숟가락
계핏가루 1/2큰술
물 1/4컵

조리 방법

1 닭봉은 흐르는 물에 씻어 채반에 밭쳐 물기를 뺀다.
2 손질한 닭봉을 위생 비닐봉지에 담아 소금, 후춧가루, 밀가루를 넣고 잘 섞는다.
3 밀가루를 입힌 닭봉을 180℃로 예열한 식용유에 2번 튀긴다.
4 분량의 재료를 섞어 양념을 만든다.
5 청·홍고추는 송송 썬다.
6 예열한 웍에 양념을 붓고 끓이다 튀긴 닭봉을 넣고 버무린다. 접시에 담고 청·홍고추를 뿌려 먹는다.

6

빨간 떡어묵

국물이 자작하게 있는 국물 떡볶이 같은 느낌이에요. 올리고당과 설탕을 함께 사용하면 떡과 어묵에 고춧가루가 더 잘 배고, 은근하게 단맛이 올라와서 더 맛있어요.

재료

꼬치 어묵 8개(또는 네모 어묵 8장과 꼬치 막대 8개)
말랑한 가래떡 3줄(15cm 정도)
긴 꼬치용 막대 3개
대파 1/3대
쪽파 2대
멸치 육수 2컵

양념

옥주부 빨간장 2숟가락
올리고당 3숟가락
고춧가루·설탕 1숟가락씩
다진 마늘 1/2숟가락

조리 방법

1 분량의 재료를 섞어 양념을 만든다.
2 대파는 어슷하게 썰고, 쪽파는 송송 썬다.
3 꼬치용 막대에 가래떡을 끼운다.
4 낮은 팬에 멸치 육수를 붓고 ①의 양념을 푼 다음 대파를 함께 넣고 끓이다 끓어오르면 가래떡을 넣고 조린 후 꼬치 어묵을 넣고 계속 끓인다.
5 간이 잘 배면 그릇에 옮겨 담고 쪽파를 뿌린다.

7

타바스코치킨

양념치킨과는 또 다른 느낌의 타바스코소스로 맛을 낸 매운맛 치킨이에요. 특별히 들어가는 재료가 많지 않음에도 가족들의 반응은 폭발적일 거예요. 축구나 야구 경기 있을 때 뚝딱 만들어 TV 중계 보면서 먹기 좋아요. 닭 튀기는 게 귀찮을 땐 에어프라이어를 사용해도 괜찮아요.

재료

닭 아랫날개 500g
소금 1/2숟가락
전분 2숟가락
후춧가루 조금
식용유 적당량

소스

타바스코 5숟가락
버터 60g
올리고당 2숟가락

조리 방법

1 닭 아랫날개는 깨끗이 씻어 물기를 제거한 다음 위생 비닐봉지에 소금, 후춧가루와 함께 넣고 버무려 간하고 5분 정도 둔다.

2 ①에 전분을 더해 잘 섞은 후 180℃로 예열한 식용유에서 10분 정도 튀긴 다음 채반에 건져서 기름을 빼고 한 김 식으면 다시 4~5분 정도 튀긴다.

3 프라이팬에 분량의 소스 재료를 넣고 살짝 끓인 후 ②의 튀긴 닭 아랫날개를 넣고 소스가 잘 스미도록 중불에서 조린다.

8

포테이토소시지부침

옛날 소시지가 맛있어 보여 사면 옛날 맛이 안 나서 반 이상 남기는 경우가 많아요. 핫도그랑 잘 어울릴 거 같은 생각에 감자랑 같이 부쳐봤는데 맛있더라고요. 감자를 아주 가늘게 채 썰어 서로 잘 엉기게 해야 뒤집을 때 잘 붙어 있어요.

재료

감자(중) 2~3개
옛날 분홍 소시지 100g
달걀 1개
쪽파 3대
소금 2꼬집
부침가루 4숟가락
물(반죽에 조금씩 넣어가며 묽기 조절)·식용유 적당량

조리 방법

1 감자는 가늘게 채 썬 후 물에 5분 정도 담갔다 채반에 밭친다.
2 소시지는 가늘게 채 썬다.
3 쪽파는 송송 썬다.
4 볼에 채 썬 감자와 소시지, 쪽파, 달걀, 소금, 부침가루, 물을 넣고 잘 섞는다.
5 팬에 식용유를 두르고 ④의 재료를 먹기 좋은 크기로 얇게 올려 앞뒤로 노릇하게 부친다.

9

순대볶음

시판 냉장 순대 또는 분식집에서 파는 순대를 사다 만들어도 괜찮아요. 깻잎 대신 깻잎 순을 넣으면 훨씬 시판 순대볶음 맛이 나서 맛있답니다. 여기에 곱창을 섞으면 손쉽게 순대곱창볶음이 된답니다.

재료

시판 순대 250g
양배추 200g
양파 1/2개
식용유 3숟가락
대파 2대
들깻가루 2숟가락
깻잎 10장
물 2/3컵

양념

고추장·설탕·물엿·생강즙(또는 맛술) 1숟가락씩
고춧가루·간장 3숟가락씩
다진 마늘 2숟가락씩
후춧가루 1/3숟가락

조리방법

1 분량의 재료를 섞어 양념을 만든다.
2 시판 순대는 먹기 좋은 크기로 자르고, 대파는 어슷썰기 한다. 깻잎, 양파, 양배추는 굵게 채 썬다.
3 철판이나 프라이팬에 식용유를 두르고 순대와 각종 채소를 넣고 볶다가 물과 양념을 넣고 순대가 익을 때까지 더 볶는다.
4 마지막에 들깻가루를 넣고 한 번 솎아주듯 볶은 후 먹는다.

10

갈릭쉬림프

새우는 좀 큼직한 걸 사용하는 게 더 맛있어요. 베트남 고추를 넣으면 느끼하지 않아요. 시판 피자 도우에 얹어 구우면 갈릭쉬림프피자가 된답니다.

재료

깐 새우 200g
양파 1/2개
마늘 10쪽
버터 40g
베트남 고추 10개
올리브오일·맛술 2숟가락씩
소금 1/3숟가락
후춧가루 약간

조리 방법

1 깐 새우는 깨끗이 씻어 채반에 밭쳐 물기를 뺀 뒤 소금과 후춧가루로 간한다.
2 양파는 거칠게 다지고 마늘은 편으로 썬다.
3 팬에 버터 20g과 다진 양파, 편 마늘을 넣고 갈색이 나오도록 볶는다.
4 다른 팬에 버터 20g과 올리브오일, 새우, 베트남 고추를 넣고 새우가 익을 때까지 볶은 후 ③과 섞는다.

11 두유크림떡볶이

두유랑 휘핑크림으로 만든 떡볶이는 크림파스타를 좋아하는 아이를 위해 뚝딱 만들어줄 수 있는 메뉴예요. 치킨스톡을 넣으면 감칠맛이 살아나고, 설탕 대신 올리고당으로 단맛을 내주는 게 포인트죠.

재료

떡볶이 떡(쌀떡) 300g
비엔나소시지 130g
치킨스톡·올리고당 1숟가락씩
휘핑크림 1팩(200ml)
두유 1팩
쪽파 2대
다진 마늘 1/2숟가락
베트남 고추 5개
모차렐라 치즈 적당량

조리 방법

1 떡은 말랑한 것으로 준비해 물에 담가 불리고, 비엔나소시지는 먹기 좋은 크기로 썬다. 쪽파는 송송 썬다.

2 냄비에 휘핑크림, 두유, 떡과 소시지, 베트남 고추, 올리고당, 치킨스톡, 다진 마늘을 함께 넣고 떡이 익을 때까지 저어주면서 끓인다.

3 접시에 담고 쪽파와 모차렐라 치즈를 뿌려 먹는다.

12

콘치즈

맥주 마실 때 콘치즈 하나면 다른 안주 필요 없어요. 호프집에서 먹던 바로 그 맛 그대로예요. 설탕 대신 연유를 넣어야 그 맛이 난답니다.

재료

스위트콘 150g
버터 10g
마요네즈 1숟가락
연유 2숟가락
모차렐라 치즈 3숟가락

조리 방법

1 스위트콘은 채반에 밭쳐 물기를 뺀다.
2 작은 팬에 버터와 스위트콘을 넣고 살짝 볶은 후 불을 끄고 마요네즈와 연유를 넣은 다음 섞는다.
3 볶은 팬에 그대로 콘을 평평하게 잘 펴준 후 모차렐라 치즈를 골고루 뿌린 다음 뚜껑을 덮은 뒤 약불에서 치즈가 녹을 때까지 익힌다.

13

오징어부추전

모든 부침개는 튀김가루와 부침가루를 섞은 반죽으로 만들면 바삭함이 더해져요. 간장을 찍어 먹으면 간이 맞지만 반죽에 쇠고기 다시다를 조금 넣으면 전에 간이 배어 더 맛있어요.

재료

오징어 1마리
부추 80g
양파 1/2개
청양고추(또는 청·홍고추) 2~3개
식용유 적당량

반죽

부침가루·튀김가루 1/2컵씩
설탕 1/4숟가락
쇠고기 다시다 1/3숟가락
물 1컵

조리 방법

1 오징어는 깨끗이 손질한 후 가늘게 채 썬다.
2 부추는 4~5cm 길이로 썬다.
3 양파는 채 썰고 청양고추(또는 청·홍고추)는 어슷썰기 한다.
4 큰 볼에 분량의 재료를 섞어 반죽을 만든 후 ①, ②, ③을 더해 잘 섞는다.
5 프라이팬에 식용유를 넉넉히 두른 후 ④의 반죽을 두껍지 않게 부어 앞뒤로 노릇하게 부친다.

14

떡꼬치

요즘 애들 입맛에도 옛날 간식이 통하는 거 보면 참 신기해요. 떡꼬치 양념에 요즘 애들 입맛에 더 가까워지도록 양념치킨 소스를 섞어보세요.

재료

떡볶이 떡(가늘고 말랑한 것) 20개
꼬치용 막대 4개
식용유 적당량

양념

시판 양념치킨 소스 7숟가락
고추장 1/2숟가락
설탕 1숟가락

조리 방법

1 떡은 꼬치에 5개씩 꽂는다.
2 분량의 재료를 섞어 양념을 만든다. 양념을 살짝 가열하면 더 맛있다.
3 팬에 식용유를 두르고 떡꼬치를 앞뒤로 튀기듯 굽는다.
4 튀긴 떡에 양념을 발라 먹는다.

15

치킨샐러드

익숙히 아는 맛, 치킨샐러드는 실패가 없는 메뉴죠. 꼭 딱 맞는 재료들이 아니어도 괜찮아요. 집에 있는 채소와 과일을 넣고 소스만 만들어 함께 먹으면 돼요.

재료

옥주부 안심 치킨텐더 4조각
양상추·로메인 적당량
베이컨 2줄
체더치즈·모차렐라 치즈 가루 적당량
방울토마토 5개

소스

마요네즈·백설 허니 머스터드 3숟가락씩
플레인 요거트·식초·올리고당 2숟가락씩

조리 방법

1 치킨 텐더는 180℃로 예열한 에어프라이어에 넣고 15분 정도 굽는다.
2 양상추와 로메인은 깨끗이 씻어 손으로 찢는다.
3 베이컨은 작게 썰어 팬에 바삭하게 굽는다.
4 방울토마토는 반으로 자른다.
5 분량의 재료를 섞어 소스를 만든다.
6 접시에 재료들을 담은 후 소스를 뿌리고 잘게 부순 체더 치즈와 모차렐라 치즈 가루를 뿌려 먹는다.

16

김치부침개

김치전은 철판에 부쳐내는 전집에서 사 먹는 게 제일 맛있는 것 같은데, 막상 사 먹으려면 돈이 아까운 메뉴죠? 김치가 맛있게 푹 익었다 싶을 때 도전하세요. 반죽에 김칫국물까지 넣고 섞은 뒤 기름을 충분히 두르고 튀기듯 부쳐야 맛있고 색깔이 빨갛고 이뻐요.

재료

신 배추김치 300g
설탕·소금 1/2숟가락씩
튀김가루·밀가루 120g씩
물 1/2컵
식용유 넉넉히

조리 방법

1 신 배추김치는 헹구지 않고 그대로 송송 썬다.

2 볼에 ①의 김치와 설탕, 소금, 튀김가루, 밀가루, 김칫국물과 물을 농도를 조절해 가며 넣고 잘 섞는다.

3 팬에 식용유를 넉넉히 두른 후 ②의 반죽을 올려 앞뒤로 노릇하게 튀기듯 부친다.

17

단호박크림떡볶이

단호박의 달콤함과 휘핑크림의 부드러움이 만나 남녀노소 모두가 사랑하는 맛이 완성된답니다. 휘핑크림 대신 생크림을 넣어도 괜찮은데 휘핑크림이 좀 더 단호박 질감과 잘 어울려요. 쇠고기 다시다는 꼭 넣으세요. 감칠맛이 확 올라가요.

재료

단호박 1개(약 200g)
떡볶이 떡 200g
휘핑크림 250ml
올리고당 1숟가락
쇠고기 다시다 1/2숟가락

조리 방법

1 단호박은 얇게 잘라 위생 비닐봉지에 넣고 전자레인지에 5분 이상 돌려 익힌다.
2 믹서에 단호박과 휘핑크림을 함께 넣고 간다.
3 냄비에 ②와 떡볶이 떡, 올리고당, 쇠고기 다시다를 넣고 저으면서 끓인다.

18

무화과치즈샐러드

무화과 샐러드는 그야말로 비주얼 갑이죠. 식구들의 브런치 상에도 올리고, 명절에 어르신들께 대접해 보세요. 무화과에 익숙한 어르신들에게 칭찬받을 메뉴 중 하나예요. 요리하기 귀찮은 주말 아침에 로메인이나 양상추를 찢어 담고 이 드레싱을 활용해도 잘 어울려요.

재료

무화과 3개
어린잎 채소·폰타나 발사믹
글레이즈 적당량
방울토마토 5개
리코타 치즈 100g

드레싱

발사믹 식초 2숟가락
올리브오일·설탕·식초 1숟가락씩
올리고당 1/2숟가락
소금 1꼬집
통후추 약간

조리 방법

1 무화과는 흐르는 물에 재빨리 씻어 키친타월로 물기를 닦은 다음 꼭지를 제거하고 먹기 좋게 썬다.
2 어린잎 채소는 깨끗이 씻은 후 채반에 밭쳐 물기를 뺀다.
3 방울토마토는 깨끗이 씻어 키친타월로 물기를 닦아 반으로 자른다.
4 리코타 치즈는 먹기 좋은 크기로 뜬다.
5 분량의 재료를 섞어 드레싱을 만든다.
6 접시에 무화과, 방울토마토, 어린잎 채소, 리코타 치즈를 담고 발사믹 글레이즈를 뿌린 다음 드레싱을 뿌려 먹는다.

19

팥빙수

망고 올리면 망고빙수, 인절미 올리면 떡빙수. 기본만 알면 여름 내내 다양한 빙수를 맛볼 수 있어요. 팩 우유를 얼려 놓았다 얼음 대신 사용하면 눈처럼 보드라운 빙수가 된답니다.

재료

팩 우유 2팩
찹쌀떡(또는 인절미) 등
좋아하는 고명 적당량
팥·연유 적당량

조리 방법

1 팩 우유를 냉동실에 얼렸다가 먹기 직전에 꺼내 살짝 녹인다.

2 취향에 따라 고명을 준비한다.

3 시판용 팥을 준비한다.

4 그릇에 ①의 우유를 담고 팥, 고명을 올리고 연유를 뿌려 섞어 먹는다.

20

수박화채

수박은 이래 먹어도 저래 먹어도 시원한 게 제일이죠. 식구들끼리 먹을 땐 깍둑썰기가 정답이지만 화채용 스쿠프를 이용하면 비주얼까지 잡을 수 있어요. 달달한 탄산음료에 프루트칵테일을 섞어 차갑게 먹으면 더위가 싹 가신답니다.

재료

수박 1/2통
프루트칵테일(국물 포함)·
밀키스 1캔씩

조리 방법

1 먹기 전날 볼에 밀키스와 프루트칵테일을 넣고 섞은 뒤 냉장 보관해 차갑게 만든다.

2 수박은 먹기 좋은 크기와 모양으로 썰어 준비한다. 또는 스쿠프로 동그랗게 퍼 놓는다.

3 완성 접시에 수박을 담고 ①의 프루트칵테일 믹스를 부어 먹는다.

뚝딱, 오이지 담그기

따로 소금물을 끓여 붓지 않아도 되는 간단한 방법이에요. 오이를 지퍼백에 넣을 때는 가로로 눕혀 넣어야 위아래로 뒤집어 주기 편해요. 대량으로 담그면 돌도 얹어야 하고, 시간이 지나면서 쿰쿰해져 나중 것은 버린 적도 있는데, 이렇게 10개씩 만들어 먹으면 깔끔하게, 딱 맛있게 먹을 수 있어서 좋더라고요.

재료

오이지용 오이(백오이) 10개
청양고추 3개
굵은소금·식초 1컵씩
설탕·소주 1/2컵씩

조리 방법

1 오이는 부드러운 수세미나 행주를 사용해서 상처가 안 나도록 조심하며 흐르는 물에 씻는다.
2 마른행주나 면포를 사용해서 세척한 오이의 물기를 닦는다.
3 청양고추는 반으로 자른다.
4 오이를 지퍼백에 차곡차곡 담은 후 청양고추를 사이사이 넣는다.
5 굵은소금과 설탕을 오이에 골고루 뿌리고, 식초와 소주를 붓는다.
6 공기가 들어가지 않도록 지퍼백을 잘 잠근 뒤 그늘진 곳에 두어 일주일 정도 숙성한다.
7 이틀에 한 번씩 오이를 위아래로 뒤집어서 골고루 절여지게 뒤적거린다.
8 일주일 뒤 오이지와 단촛물만 보관 용기에 옮겨 냉장고에 보관하며 먹는다.

뚝딱, 간장게장 담그기

식구들이 간장게장을 엄청 좋아해서 꽃게 철이면 간장게장을 꼭 담가요. 하지만 아무리 가족들을 위한 일이어도, 매번 각종 재료를 준비하고 맛간장을 끓여 붓는 걸 반복하는 게 너무 힘들더라고요. 그래서 이 걸 좀 손쉽게 할 수 없을까 고민하다 만든 게 옥주부 맛간장이에요. 끓여 붓는 과정을 한 번만 하면 끝나거든요. 개봉해서 먹기 시작하면 3일 안에 먹기를 추천해요.

재료

꽃게 6마리(약 1.5kg~1.8kg)
옥주부 맛간장 2병
물 1L

조리 방법

1 꽃게는 솔로 싹싹 문지르며 깨끗하게 씻는다.
2 폭이 좁고, 깊이가 있는 밀폐 용기에 꽃게를 배가 보이게 차곡차곡 담은 후 옥주부 맛간장을 붓는다.
3 ②에 물을 붓고 뚜껑을 덮어 냉장고에서 하루 동안 숙성시킨다.
4 ③의 간장게장에서 맛간장만 따르고 꽃게는 다시 냉장 보관한다. 맛간장을 냄비에 붓고 중불에서 15분간 끓여 식힌 후 냉장 보관한다.
5 ④의 맛간장이 냉수처럼 차갑게 식으면 꽃게가 들어 있는 밀폐 용기에 붓고 냉장고에서 5~7일 동안 숙성시킨다.

인덱스 가나다순

저만 믿고 따라오세요

무조건 맛있어! 옥주부 반찬

초판 1쇄 발행 2023년 5월 10일

초판 3쇄 발행 2023년 5월 15일

지은이 정종철(옥주부)

펴낸이 안지선

책임편집 정미경(채널323)

사진 정종철(옥주부)

디자인 야생녀

스타일링 하지은(loft by H)

스타일링 어시스트 박호정, 김은비

레시피 감수 차선아

교열 신정진

펴낸곳 (주)몽스북

출판등록 2018년 10월 22일 제2018-000212호

주소 서울시 강남구 학동로4길15 724

이메일 monsbook33@gmail.com

ISBN 979-11-91401-69-1 03590

mons

(주)몽스북은 생활 철학, 미식, 환경, 디자인, 리빙 등 일상의 의미와

라이프스타일의 가치를 담은 창작물을 소개합니다.